ZEITSCHRIFT FÜR ANGEWANDTE GEOLOGIE

XXI. Internationaler Geologenkongreß
Kopenhagen, 15. bis 25. August 1960

HERAUSGEGEBEN VON

DER STAATLICHEN GEOLOGISCHEN KOMMISSION

UND DER ZENTRALEN VORRATSKOMMISSION

DER DEUTSCHEN DEMOKRATISCHEN REPUBLIK

AUS DEM INHALT

Zur Bedeutung der 7. Jahrestagung der Geologischen Gesellschaft in der Deutschen Demokratischen Republik

Ja. S. Ewentow
Methodik der geologischen Untersuchung überdeckter Gebiete

H.-J. Weder & J. Zieschang
Die hydrogeologischen Verhältnisse des Bac-Bo, Demokratische Republik Vietnam

F. Stammberger
Zur Festlegung der Konditionen für mineralische Rohstoffe (Der Standpunkt einiger amerikanischer Autoren)

L. F. Salata
Über Mängel der Wägungsmethode bei der Bestimmung von mittleren Gehalten

D. Janetzky
Refraktionsseismische Untersuchungen am Abbruch von Wittenberg

C. Oelsner
Schweremessungen unter Tage

F. Kammerer
Setzungen und Senkungen im Baugrund

AKADEMIE-VERLAG · BERLIN

BAND 6 / HEFT 4
APRIL 1960
SEITE 145—192

	INHALT	СОДЕРЖАНИЕ	CONTENTS	
	Zur Bedeutung der 7. Jahrestagung der Geologischen Gesellschaft in der Deutschen Demokratischen Republik	Значение 7-ой годовщины Геологического Общества Германской Демократической Республики	The Importance of the 7th Annual Meeting of the Geological Society in the German Democratic Republic	145
JA. S. EWENTOW	Methodik der geologischen Untersuchung überdeckter Gebiete	К вопросу о методике общего геологического изучения закрытых районов	Methodics of the Geological Exploration of Covered Areas	148
H.-J. WEDER & J. ZIESCHANG	Die hydrogeologischen Verhältnisse des Bac-Bo, Demokratische Republik Vietnam	Гидрогеологические условия Бакбо, Народная Республика Вьетнам	Hydro-Geological Conditions of the Bac-Bo Lowland, Democratic Republic Vietnam	154
F. STAMMBERGER	Zur Festlegung der Konditionen für mineralische Rohstoffe (Der Standpunkt einiger amerikanischer Autoren)	К установлению кондиций для минерального сырья (Мнения некоторых американских авторов)	Determination of Conditions for Mineral Raw Materials (As Seen by Some American Authors)	160
L. F. SALATA	Über Mängel der Wägungsmethode bei der Bestimmung von mittleren Gehalten	О недостатках применения метода взвешивания при определении средних содержаний	Insufficiencies of Weighing Method in the Determination of Average Contents	166
D. JANETZKI	Refraktionsseismische Untersuchungen am Abbruch von Wittenberg	Исследования Виттенбергского обрушения методом преломленных волн	Refractionseismic Inquiries on the Fault from Wittenberg	170
C. OELSNER	Schweremessungen unter Tage	Подвемные гравиметрические измерения	Gravimetrie Investigations below the Surface	172
F. KAMMERER	Setzungen und Senkungen im Baugrund	Явления оседаний и опусканий в строительном грунте	Settings and Sinkings in the Building Ground	177
R. MEINHOLD	Das „Mohole"-Projekt	Проект „Моголе"	The „Mohole"-Project	182
G. PRATZKA	Die wirtschaftliche Bedeutung der Eisenerzgrube Karl in Geislingen (Württemberg)	Экономическое значение железорудной шахты „Карл" в Гейслингене (Вюртемберг)	The Industrial Importance of the Iron Ore Mine „Karl" at Geislingen (Württemberg)	183

Lesesteine, Besprechungen und Referate, Nachrichten und Informationen, Kurznachrichten 153, 185–192

Die ZEITSCHRIFT FÜR ANGEWANDTE GEOLOGIE berichtet ständig ausführlich über folgende Arbeitsgebiete: Geologische Grundlagenforschung und Lagerstättenforschung / Methodik der geologischen Erkundung / Ökonomie und Planung der geologischen Erkundung / Technik der geologischen Erkundung / Geologie und Lagerstättenkunde im Ausland / Bibliographie, Verordnungen, Richtlinien, Konferenzen, Personalnachrichten

Die ZEITSCHRIFT FÜR ANGEWANDTE GEOLOGIE ist kein Organ einer engen Fachgruppe. Auf ihren Seiten können alle strittigen Fragen der praktischen Geologie behandelt werden. Die Autoren übernehmen für ihre Aufsätze die übliche Verantwortung.

ZEITSCHRIFT FÜR ANGEWANDTE GEOLOGIE

CHEFREDAKTEUR: PROF. DR. E. LANGE

BAND 6 · APRIL 1960 · HEFT 4

Zur Bedeutung der 7. Jahrestagung der Geologischen Gesellschaft in der Deutschen Demokratischen Republik

vom 31. Mai bis 4. Juni 1960 im Demokratischen Berlin

Die Geologische Gesellschaft in der Deutschen Demokratischen Republik wurde am 7. Mai 1954 in Berlin als komplexe wissenschaftliche Vereinigung für die Fachwissenschaftler auf den Gebieten der Geologie, Mineralogie, Paläontologie und Geophysik gegründet.

Die beim Aufbau des Sozialismus in der DDR für Forschung, Lehre und Erziehung auf geologischem Gebiet gestellten umfangreichen Aufgaben, besonders die schnellere und bessere Auswertung der theoretischen Erkenntnisse in der Praxis, machten die breite Entfaltung eines wissenschaftlichen Lebens erforderlich.

Namhafte Wissenschaftler unserer Republik stellten ihre Fachkenntnisse und ihre Kraft in den Dienst unserer Geologischen Gesellschaft. Fünf Jahre erfolgreicher Arbeit liegen hinter uns. Zur Förderung und Entwicklung der geologischen Wissenschaften wurden auf dem Gebiet der DDR Jahres- und Exkursionstagungen durchgeführt. Zahlreiche Gäste aus Ost und West waren als Vortragende, Diskussionsredner und Exkursionsteilnehmer an unseren Fachveranstaltungen beteiligt.

Im Mittelpunkt der Tagungen standen jeweils regional begrenzte geologische Gebiete unserer Republik, deren Probleme und in ihnen gewonnene neueste Erkenntnisse durch Vorträge vermittelt und bei Exkursionen am Aufschluß selbst diskutiert wurden.

Die Geologische Gesellschaft in der DDR hat bisher folgende Tagungen durchgeführt:

1. Jahrestagung in Jena	vom 22. 10. – 24. 10. 1954
2. Jahrestagung in Leipzig	vom 15. 4. – 17. 4. 1955
Exkursionstagung in Eisenach	vom 16. 10. – 18. 10. 1955
3. Jahrestagung in Karl-Marx-Stadt	vom 23. 4. – 26. 4. 1956
Exkursionstagung in Görlitz	vom 29. 9. – 30. 9. 1956
4. Jahrestagung in Wernigerode	vom 26. 4. – 29. 4. 1957
Exkursionstagung in Saalfeld	vom 28. 9. – 29. 9. 1957
5. Jahrestagung in Stralsund	vom 24. 4. – 27. 4. 1958
Exkursionstagung in Halle	vom 11. 10. – 12. 10. 1958
6. Jahrestagung in Weimar	vom 23. 4. – 26. 4. 1959
Exkursionstagung in Dresden	vom 19. 9. – 20. 9. 1959
(7. Jahrestagung in Berlin	vom 31. 5. – 4. 6. 1960)

Die diesjährige 7. Jahrestagung in Berlin wird vorläufig die letzte größere Regionaltagung sein und unter anderem hauptsächlich Themen aus dem Raum Brandenburg behandeln. Künftig werden die Tagungen unter einem zentralen Fachthema stehen und nicht nur an den Raum des Tagungsortes gebunden sein.

Man kann die zurückliegenden fünf Jahre seit Gründung der Gesellschaft als Jahre des Zusammenschlusses unserer Geologen, Mineralogen, Paläontologen und Geophysiker in den Reihen der Geologischen Gesellschaft bezeichnen. Die Gesellschaft zählt gegenwärtig über 700 Mitglieder. Dieses erfreuliche Anwachsen der Mitgliederzahl spiegelt die sich ständig verbessernde Arbeit der Gesellschaft, besonders bei Tagungen und Exkursionen, wider und ist Ausdruck der weitsichtigen Politik und Planung unserer Regierung, eine genügende Anzahl von Nachwuchswissenschaftlern für Praxis, Forschung und Lehre heranzubilden. Die folgenden Zahlen zeigen das starke Anwachsen des Mitgliederstandes seit Gründung der Gesellschaft:

1954	89 Mitglieder
1955	163 „
1956	200 „
1957	281 „
1958	435 „
1959	691 „
Januar 1960	715 „

Jetzt steht vor der Geologischen Gesellschaft die Aufgabe, ihre Arbeit qualitativ weiter zu verbessern. Der bisherigen Breitenarbeit muß eine Periode der Vertiefung wissenschaftlicher Forschung folgen. Hierzu gilt es, die besten Organisationsformen zu finden.

Wie im Statut festgelegt ist, können die Mitglieder zur Durchführung der Aufgaben der Gesellschaft die Bildung von Regional- und Fachsektionen beantragen. Regionale Sektionen bestehen bereits in den Hochschulorten Jena, Leipzig und Berlin. Hier haben sich Zentren herausgebildet, in denen Vorträge stattfinden und von wo aus zum Teil auch Exkursionen in die nähere Umgebung durchgeführt werden (Ortsverbände).

Im April 1959 erfolgte in Halle (Saale) die Gründung und Konstituierung einer Sektion Kali. Diese Sektion bearbeitet in enger Beziehung zur geologischen Praxis wichtige spezielle Probleme der Salzlagerstättenforschung. Über die Arbeitsergebnisse werden in regelmäßigen Zeitabständen Beratungen durchgeführt. Vor kurzer Zeit wurde von Mitgliedern der Gesellschaft weiterhin die Gründung einer Sektion Braunkohle angeregt. Der Vorstand stimmte diesem Vorschlag zu. Solche Arbeitskreise mit spezieller Aufgabenstellung sind die neue Form, die es ermöglicht, neben den Jahrestagungen, die wissenschaftliche Höhepunkte im Leben unserer Gesellschaft sein sollen, das wissenschaftliche Leben in enger Verbindung zur Praxis stärker zu entwickeln. In solchen Arbeitskreisen (Sektionen) sind Fachvertreter aller Disziplinen der geologischen Wissenschaften tätig.

Auf der 6. Jahrestagung wurde darüber hinaus die Bildung von Sektionen beantragt, die eine ganze Wissenschaft umfassen, z. B. die Mineralogie, die Paläontologie, die Geophysik. Entsprechend den Aufgaben dieser notwendig gewordenen Sektionen empfiehlt der Vorstand der Geologischen Gesellschaft in der DDR, für letztere einen nicht zu engen Begriff zu wählen. Er schlägt in Anlehnung an andere naturwissenschaftliche Gesellschaften vor, diese umfassenden Sektionen „Fachverbände" zu nennen, während der Begriff „Sektion" Arbeitskreisen mit spezieller Aufgabenstellung vorbehalten bleiben soll. Es werden also künftig folgende Organisationsformen unterschieden:

Fachverband = eine Wissenschaft umfassend,
Ortsverband = regionale Sektion,
Sektion = Arbeitskreis mit spezieller Aufgabenstellung.

Die Fachverbände sollten in enger Verbindung mit den Hochschulinstituten bei den Ortsverbänden abwechselnd Kolloquien durchführen und auch fachgebundene Symposien und Exkursionen außerhalb der Jahrestagungen organisieren.

Neben den bestehenden Ortsverbänden (regionale Sektionen) Jena, Leipzig und Berlin könnten z. B. weitere in folgenden Orten unserer Republik gebildet werden: Dresden, Freiberg, Zwickau, Halle, Weimar, Schwerin, Rostock, Greifswald.

Eine schriftliche Umfrage bei den Mitgliedern, in welchen Fachverbänden sie künftig mitarbeiten wollen, zeigt folgendes Ergebnis:

Fachverband Geologie	60%	der Mitglieder
Fachverband Mineralogie	18%	„ „
Fachverband Paläontologie	12%	„ „
Fachverband Geophysik	10%	„ „

Waren in den vergangenen Jahren nur die jährlich veranstalteten Tagungen und die Publikation der dort gehaltenen Vorträge in den Berichten der Geologischen Gesellschaft der sichtbare Ausdruck des wissenschaftlichen Lebens der Geologischen Gesellschaft in der DDR, so soll mit den vorgeschlagenen speziellen Organisationsformen dem Wunsch nach einem ständigen wissenschaftlichen Leben innerhalb der Gesellschaft Rechnung getragen werden.

Auf der 7. Jahrestagung wird die Mehrzahl der angemeldeten zahlreichen Vorträge in Parallelsitzungen vor kleineren Teilnehmerkreisen (entsprechend den Fachverbänden) gehalten. Das dient durch eingehendere Diskussionsmöglichkeiten der Vertiefung des Meinungsaustausches. Themen von allgemeinem Interesse werden für alle Tagungsteilnehmer in Plenarvorträgen behandelt. Dazu werden auch Gäste und Vortragende aus der UdSSR, den volksdemokratischen Ländern und Westdeutschland erwartet.

Eine weitere Aufgabe der Geologischen Gesellschaft in der DDR ist die enge Zusammenarbeit mit den geologischen Gesellschaften der befreundeten sozialistischen Länder mit dem Ziel, in Zukunft u. a. einen stärkeren Exkursionsaustausch, Publikationsaustausch und eventuell gemeinsame Fachveranstaltungen durchzuführen.

Eine der wichtigsten Aufgaben der Geologischen Gesellschaft in der DDR besteht weiterhin darin, alle auf dem Gebiet der Geologie tätigen wissenschaftlichen Institutionen in der DDR zu gemeinsamer Arbeit zusammenzuführen. So wird die 7. Jahrestagung unserer Gesellschaft vor allem auch für die Arbeit der Staatlichen Geologischen Kommission, der Universitäten und der Deutschen Akademie der Wissenschaften zu Berlin von besonderer Wichtigkeit sein. Die Bedeutung der Arbeit der Geologischen Gesellschaft für alle diese Institutionen ist sicher ein auch in Zukunft immer wichtiger werdender Diskussionspunkt. Im folgenden mögen zwei bei uns eingegangene Stellungnahmen als Anregung und wertvolle Beiträge zum Abdruck kommen.

So schreibt uns W. Wamser im Auftrage des Direktors des Zentralen Geologischen Dienstes über die Bedeutung der 7. Jahrestagung der Geologischen Gesellschaft in der DDR:

„Die Geologische Gesellschaft in der Deutschen Demokratischen Republik hat laut ihres Statuts die Aufgabe, das wissenschaftliche Leben und den Meinungsaustausch in den gesamten geologischen Wissenschaften zu fördern und ihre Ergebnisse in der Praxis anzuwenden. Geologische Praxis — das sind jedoch vorwiegend die Aufgaben der geologischen Sucharbeiten nach Lagerstätten, deren Vorerkundung und Erkundung, Aufgaben der geologischen Neu- und Revisionskartierung in verschiedenen Maßstäben sowie der Ingenieur-, Hydro- und Bodengeologie, Aufgaben, die in den Plänen des Zentralen Geologischen Dienstes als des zentralen Erkundungs- und Forschungsorgans unserer Republik bindend festgelegt sind. Die Aufgabenstellung für beide Institutionen und die Tatsache, daß die meisten Mitglieder der Geologischen Gesellschaft zugleich Mitarbeiter des Zentralen Geologischen Dienstes sind, haben zwangsläufig enge Beziehungen zwischen der Geologischen Gesellschaft und dem Zentralen Geologischen Dienst zur Folge und erklären die gegenseitige Bedeutung der Arbeiten der Geologischen Gesellschaft für den Zentralen Geologischen Dienst und umgekehrt.

Der Zentrale Geologische Dienst sieht in der Geologischen Gesellschaft in der DDR insbesondere jenes Forum aller Geologen, Mineralogen, Paläontologen und Geophysiker unseres Staates, das durch die Veranstaltung wissenschaftlicher Tagungen zu regionalen Problemen und durch Sektionssitzungen zu speziellen Fragen den notwendigen wissenschaftlichen Meinungsaustausch zwischen den Vertretern aus Forschung, Lehre und Praxis auf breitester Ebene fördert und alle verfügbaren Kräfte auf die gemeinsame Lösung der für die Wirtschaft der DDR vordringlichen geologischen Aufgaben orientiert.

Die vorteilhafte Struktur der Geologischen Gesellschaft in der DDR, die alle geologischen Wissenschaften umfaßt, ermöglicht den komplexen Meinungs- und Erfahrungsaustausch über Ergebnisse der Forschung und Praxis in allen geologischen, mineralogischen und geophysikalischen Disziplinen.

Die Geologische Gesellschaft ist somit auch besonders gut geeignet, bestimmte spezielle Probleme der Forschung und Praxis, deren Lösung nicht einseitig erfolgen kann, in den Fachsektionen und sozialistischen Arbeitsgemeinschaften zu klären. Sie wird dadurch nicht nur zu einem Gremium umfassender Diskussionen und Koordinierung, sondern erhält durch die selbständige Bearbeitung von Forschungsaufgaben eine in der Volkswirtschaft wurzelnde Basis, vergleichbar mit der Kammer der Technik für die Ingenieur-Wissenschaften.

Die fruchtbare Arbeit der Fachsektion Kali der Geologischen Gesellschaft für den Zentralen Geologischen Dienst kann als Vorbild gelten und sollte den Anstoß zur Bildung weiterer Sektionen und anderer Arbeitsgemeinschaften geben, zumal eine bisher unbekannte Fülle von Problemen aller Art ihrer schnellen Klärung harrt.

Wie in jedem Jahr erwarten die Mitarbeiter des Zentralen Geologischen Dienstes auch von der 7. Jahrestagung der Geologischen Gesellschaft Anregungen und neue Impulse für ihre weiteren geologischen Arbeiten. Diese Tagung erhält ihre Bedeutung für den Zentralen Geologischen Dienst besonders dadurch, weil ein bisher zu Unrecht geologisch zum Teil vernachlässigtes Gebiet unserer Republik, Brandenburg, zum Gegenstand allseitiger geologischer Diskussionen erhoben wird. Dieses Gebiet ist erst in den letzten Jahren intensiver erforscht worden und hat entsprechend seiner wirtschaftlichen Perspektive auch geologisch steigende Beachtung erfahren.

Die neuen Erkenntnisse über die Höffigkeit dieses Raumes an Bodenschätzen, wie z. B. Erdöl, Erdgas, Kalisalz, Braunkohle und Buntmetalle, drängen nach einer Forcierung der Such- und Erkundungsarbeiten ebenso wie nach einer eingehenderen Klärung der gesamten geologischen Situation, d. h. der tektonischen, stratigraphischen, lithologischen und faziellen Verhältnisse, besonders des prätertiären Untergrundes. Die komplexe geologische Bearbeitung dieses Gebietes ist einer der für die nächsten Jahre erkannten Schwerpunkte des Zentralen Geologischen Dienstes. Darüber hinaus stellt die rapide Industrialisierung in den Bezirken Potsdam, Frankfurt (O.) und Cottbus die Erkundung von Baustoffen und Grundwasser, die ingenieurgeologische Mitarbeit bei der Anlage neuer Industrien, Verkehrswege und Wohnbauten und die Bodengeologie bei der Rekultivierung der Braunkohlentagebaue vor ständig wachsende Aufgaben. Um sie zu erfüllen, bedarf es der umfassenden Darlegung der gewonnenen Erkenntnisse, der wissenschaftlichen Auseinandersetzungen mit ihnen und — aufbauend auf den als richtig erkannten Konzeptionen, der zielgerichteten spezifischen Problemstellung — der Mobilisierung aller Mitglieder der Geologischen Gesellschaft in der DDR zur schnelleren Lösung dieser Fragen. Hierin besteht in erster Linie die Bedeutung der 7. Jahrestagung der Geologischen Gesellschaft für die Arbeiten des Zentralen Geologischen Dienstes.

Die geplanten Exkursionen und Vorträge versprechen, unseren Anforderungen an die Tagung gerecht zu werden, und lassen uns den von der Geologischen Gesellschaft in der DDR seit zwei Jahren beschrittenen neuen Weg der Orientierung auf die dringenden geologisch-wirtschaftlichen Aufgaben unseres Staates als richtig einschätzen. Das konsequente und zügige Fortschreiten der Gesellschaft in dieser Richtung wird ihre Bedeutung für den Zentralen Geologischen Dienst weiter erhöhen. Die 7. Jahrestagung ist ein Markstein in diesem Bestreben und wird dazu beitragen, die ökonomische Hauptaufgabe und den Siebenjahrplan unserer Republik auf dem Gebiet der geologischen Forschung und Praxis zu erfüllen."

*

Die Arbeit der Geologischen Gesellschaft in der DDR hat aber nicht nur für die Staatliche Geologische Kommission und die ihr unterstellten Dienststellen Bedeutung, sondern in gleicher, wenn auch etwas anders gearteter Weise für die Hochschulen und Universitäten der DDR. Hierzu gab uns E. SCHLEGEL vom Geologisch-Paläontologischen Institut der HUMBOLDT-Universität zu Berlin eine Stellungnahme. Auch diese Antwort erscheint uns in verschiedener Hinsicht wertvoll und anregend:

„Die Jahrestagungen der Geologischen Gesellschaft in der DDR bieten auch für die Mitarbeiter und Studenten der Hochschulen beste Gelegenheit für den wissenschaftlichen Erfahrungsaustausch. Jahr für Jahr besteht ein großer Teil der Tagungsteilnehmer aus Wissenschaftlern und Studenten der Hochschulen, die entweder selbst neue Ergebnisse mitteilen oder sich umfassend und durch persönliche Aussprachen informieren wollen.

Was erwarten wir nun von der 7. Jahrestagung, und inwieweit sollen Aufgaben, die über die aller bisherigen Tagungen hinausgehen, behandelt werden?

Auf der 7. Jahrestagung wird die erste große Aussprache über die Aufgaben der geologischen Wissenschaft im Siebenjahrplan geführt werden, die auch eine neue Qualität der geologischen Arbeit zum Ziele hat. Man sollte als Angehöriger einer Hochschule der DDR, als Wissenschaftler oder Student, als Referent oder ‚nur' Teilnehmer, mit einem Programm zu dieser Tagung kommen, das etwa folgende Fragen enthält:

1. Welche auf der Tagung mitgeteilten wissenschaftlichen Ergebnisse sind besonders wichtig, und wie müssen sie für die Lehrtätigkeit ausgewertet werden?
2. Welches sind die Schwerpunkte der geologischen Arbeit, und welche Möglichkeiten bestehen für die Hochschulen, sie durch ihre Forschungstätigkeit zu unterstützen?
3. Welche Möglichkeiten einer wechselseitigen engeren Zusammenarbeit zwischen Hochschulen und geologischen Betrieben bestehen für die Lehrtätigkeit?
4. Welches sind die Erfordernisse der Praxis, und wie sind sie bei der Ausbildung stärker zu berücksichtigen, besonders unter der Perspektive einer starken Entwicklung der neuen Technik und der sozialistischen Gemeinschaftsarbeit in der Geologie?
5. Unter welchen Bedingungen arbeiten unsere Absolventen nach Verlassen der Hochschulen, und wie können wir sie in der Praxis besser unterstützen?

Der Vorstand der Geologischen Gesellschaft in der DDR sollte sich auch damit beschäftigen, wie diese Fragen in naher Zukunft beantwortet werden könnten. Wir schlagen vor, zur Unterstützung der Arbeit der Hoch- und Fachschulen durch die Geologische Gesellschaft ein Forum zu organisieren, auf dem folgende Themen behandelt werden:

1. Engere Zusammenarbeit zwischen Hoch- und Fachschulen und der geologischen Praxis.
2. Fragen der Lehre und Erziehung an den Hoch- und Fachschulen (Studienpläne usw.)
3. Probleme der jungen Intelligenz."

*

Mit diesen Ausführungen kann natürlich nur eine Anregung zur Diskussion und Mitarbeit in der Geologischen Gesellschaft in der DDR gegeben werden. Sicher ist jedoch schon jetzt, daß mit dem starken Anwachsen der Aufgaben der geologischen Erkundung, der Forschung, der wissenschaftlichen Zusammenarbeit und Lehre weitere neue Aufgaben, Probleme und Fragen für die Geologische Gesellschaft in der DDR erwachsen. Diese neuen Aufgaben zu meistern, verlangt von der Geologischen Gesellschaft in der DDR, alle Mitglieder in den Prozeß der sozialistischen Umgestaltung unseres gesamten wissenschaftlichen Lebens einzubeziehen, neue Formen der sozialistischen Gemeinschaftsarbeit zu entwickeln und die bestehende aktive Arbeit auf eine noch höhere Stufe zu heben.

Unsere Gesellschaft hat über die fachlichen Aufgaben hinaus aber auch eine große politische Aufgabe zu lösen. Sie muß aktiv Anteil nehmen an der Lösung der Lebensfragen unserer Nation. Bereits auf der 5. Jahrestagung der Geologischen Gesellschaft 1958 in Stralsund wandten sich die versammelten Wissenschaftler aus ernster Sorge in einem offenen Brief an die Mitglieder der Deutschen Geologischen Gesellschaft Westdeutschlands, der Geologischen Vereinigung und der Paläontologischen Gesellschaft in Westdeutschland mit der Aufforderung, der Atomkriegsgefahr auf deutschem Boden entgegenzuwirken. Die Atomkriegsgefahr ist seit dieser Zeit noch größer geworden. In Westdeutschland wird die atomare Aufrüstung forciert. Deshalb werden auf der 7. Jahrestagung in Berlin die Mitglieder unserer Gesellschaft erneut als bewußte Wissenschaftler ihre Stimme gegen den Atomtod — für den Frieden und damit zum Nutzen und Wohle unseres Volkes erheben.

In dem Maße, wie alle diese Fragen in den Mittelpunkt der Arbeit der Geologischen Gesellschaft gestellt werden, trägt unsere gemeinsame Arbeit gemäß dem Statut der Gesellschaft zur Förderung und Entfaltung der geologischen Wissenschaften und zur Pflege der besten Traditionen der deutschen Wissenschaft bei und dient dem Frieden und der Einheit Deutschlands.

Im Auftrage des Vorstandes:
R. DABER / J. LAMPRECHT / H. ULBRICH

Methodik der geologischen Untersuchung überdeckter Gebiete

(am Beispiel der Strukturen nördlich und nordwestlich des Kaspischen Meeres)[1])

JA. S. EWENTOW

Gegenwärtig ist ein beträchtliches Gebiet des europäischen Teils der Sowjetunion durch die geologische Kartierung im Maßstab 1:200000 und kleineren Maßstäben erfaßt. Diese Kartenaufnahmen wurden nach Instruktionen und Normen durchgeführt, die vom Ministerium für Geologie und Lagerstättenschutz bestätigt wurden. Sie sind in Gebieten, in welchen Gesteine älterer Formationen anstehen, eine hinreichende Grundlage für weitere eingehende Untersuchungen des geologischen Baus und für das Aufsuchen nutzbarer Bodenschätze.

In den Jahren vor dem Großen Vaterländischen Krieg und in der Nachkriegszeit wurden auch in den von quartären und pliozänen Ablagerungen überdeckten Gebieten nördlich und nordwestlich des Kaspischen Meeres geologische Aufnahmen durchgeführt. Obwohl sie sehr sorgfältig vorgenommen wurden, können solche Aufnahmen nicht einmal eine ganz allgemeine Vorstellung von der Stratigraphie und Tektonik der Schichten geben. Die Gründe dafür sind in den geologischen Besonderheiten dieses Gebietes zu suchen.

In den letzten Jahren wurden die Such- und Erkundungsarbeiten auf Erdöl und Erdgas in dem erwähnten Gebiet in verstärktem Maße durchgeführt. Die Grundzüge seines geologischen Baus sind in einigen unlängst veröffentlichten Artikeln (EWENTOW 1956 u. 1957) dargelegt. Die nördlich und nordwestlich des Kaspischen Meeres gelegene Senke stellt ein ausgedehntes Steppengebiet mit einer Gesamtfläche von etwa 270000 km² dar, das von quartären und pliozänen Ablagerungen bedeckt ist. Letztere überdecken transgressiv und diskordant die älteren Bildungen, deren Lagerungscharakter die wahre Struktur dieses Gebietes bestimmt. Ausbisse der letzteren fehlen auf dem Territorium fast ganz. Nur längs der Ufer der Wolga, der Achtuba, der Bolschaja Usen und der Malaja Usen sowie des Jeruslan und des Uralflusses und in dem hier wenig verzweigten Schluchtennetz kann man Ausbisse von quartären Gesteinen beobachten, von denen die ältesten zur Baku-Stufe gehören (Abb. 1). Die Gesamtmächtigkeit der pliozänen und postpliozänen Decke beträgt fast auf dem ganzen Territorium einige hundert Meter. So beträgt nach Ergebnissen von Basisbohrungen die Mächtigkeit der pliozänen und postpliozänen Ablagerungen in Nowousensk 309 m, in Nowaja Kasanka (Aukitajtschagyl) 420 m, in Astrachan 632 m, in Dshanaj 546 m und in Artesian 568 m. Nur in einzelnen Abschnitten des linken Wolgaufers und in der östlichen Stufe der Jergeni-Hügel, im Gebiet des Mosharskij-Sees, in der Umgebung der Ortschaft Kamennyj Jar, wie auch in den sogenannten Dislokationen des Gebietes östlich der unteren Wolga (Elton, Baskuntschak, Tschaptschatschi, Bis-Tschocho, Chudajbergen u. a.) und den Deltagebieten des rechten Uralufers geht die Mächtigkeit der Quartär-Pliozän-Decke auf einige zehn Meter zurück und fehlt an einigen Punkten ganz. Hier werden vereinzelte Ausbisse von permischen, mesozoischen und paläogenen Gesteinen beobachtet. Nur diese Abschnitte sind für die Durchführung der üblichen geologischen Aufnahmen zugänglich. Ihre Fläche ist jedoch unbedeutend; sie macht nicht mehr als 3,4% des gesamten Territoriums aus.

Auf den zugänglichen Abschnitten wurden die geologischen Aufnahmen bis zum Großen Vaterländischen Krieg (BOGDANOW 1934, SEMICHATOW 1929, SKWORZOW 1929) ausgeführt, wobei von 1949 bis 1953 auf vielen von diesen Feldern die Aufnahmen wiederholt und in deren Verlauf Kartierungsbohrungen sowie einzelne Craelius-Bohrungen durchgeführt wurden. So wurde die Umgebung des Elton- (ILJIN 1954) und Baskuntschak-Sees sowie der Anhöhen von Tschaptschatschi, von Bis-Tschocho und von Chudajbergen aufgenommen, ebenfalls die für eine Untersuchung durch Kartierungsbohrungen zugänglichen Abschnitte, in denen die vorpliozänen Gesteine in geringer Teufe lagern. Dies trifft für das Gebiet des linken Wolgaufers, das sogenannte Ilowatka-Nikolajewsker Feld und das Gebiet Tschernyje Semli am Mosharski-See zu.

Die ersten geologischen Karten des nördlich und nordwestlich des Kaspischen Meeres gelegenen Territoriums wurden von I. W. MUSCHKETOW (1895 und 1896) und A. D. ARCHANGELSKIJ (1928) zusammengestellt. Man muß bemerken, daß es für den westlichen Teil der am Kaspischen Meer gelegenen Senke bis vor kurzem keine

[1]) Aus „Geologija Nefti i Gasa", H. 4, 1959, S. 32–41. Übers. STELTER.

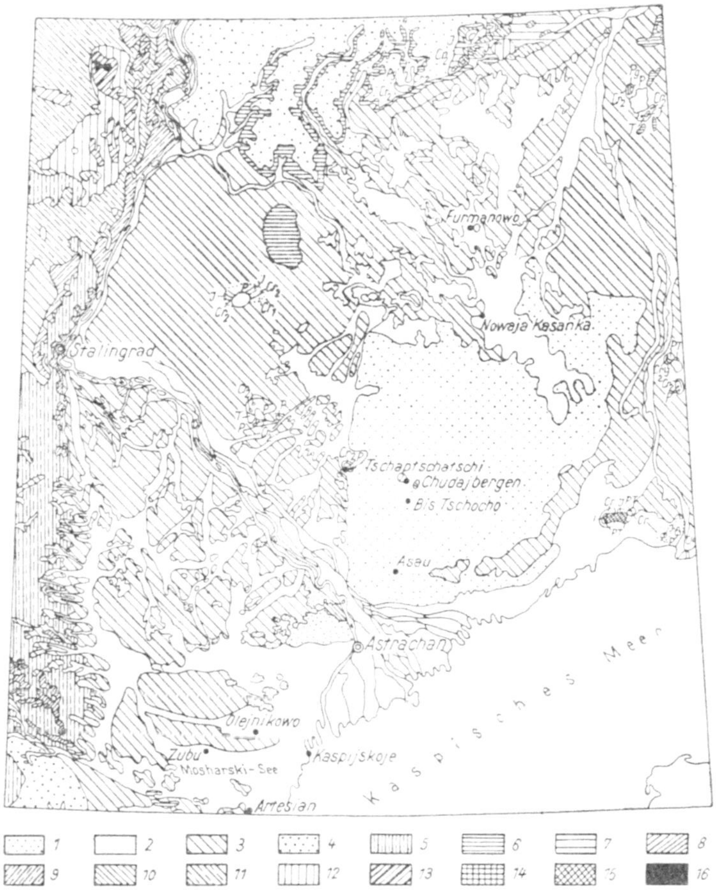

Abb. 1. Geologische Karte des westlichen Teils der Kaspischen Senke

1 — Flugsande, 2 — Rezente Ablagerungen (marine, lakustrische und lakustrisch-alluviale), 3 — Ablagerungen der Chwalyn-, Chasar- und Baku-Stufe, 4 — Syrtenablagerungen und bedeckende Lehme des Kaukasusvorlandes, 5 — Jergena-Ablagerungen, 6 — Apscheron- und Aktschagyl-Stufe, 7 — Paläogen (nicht gegliedert), 8 — Oligozän, 9 — Eozän und Paläozän, 10 — Kreide (nicht gegliedert), 11 — Obere Kreide, 12 — Untere Kreide, 13 — Jura, 14 — Trias, 15 — Perm, 16 — Oberkarbon

geologischen Übersichtskarten gab, die genauer als im Maßstab 1:1000000 waren. Eine Übersichtskarte im Maßstab 1:500000 wurde im Jahre 1937 von W. I. NIKOLAJEW nur für die nördlichen Bezirke des Gebietes am linken unteren Wolgaufer zusammengestellt. Nach gebietsweisen Untersuchungen des Verfassers im Jahre 1936 erschien eine geologische Karte der rechten Uferzone der unteren Wolga von Stalingrad bis Astrachan im Maßstab 1:250000; eine gleiche Karte für das linke Wolgaufer im Maßstab 1:200000 wurde 1950 von I. N. SCHEBUJEWA zusammengestellt.

In einigen Fällen wurden auf diesem Territorium auch Versuche unternommen, geologische Karten für die Abschnitte mit mächtiger pliozäner und postpliozäner Decke zusammenzustellen. Im einzelnen wurden solche Aufnahmen 1940 von W. I. JEWSEJEW und 1947 von M. F. KOLBIN und FRANZKUNAS gemacht.[2])

W. I. JEWSEJEW führte eine geologische Aufnahme im Maßstab 1:50000 im Wladimir-Bezirk des Astrachan-Gebietes (auf dem Kartenblatt M-38-129) durch. Auf der geologischen Karte, die vom erwähnten Autor angefertigt wurde, sind die Verbreitung der quartären Ablagerungen und die Ausbisse der Gesteine der Baku-, Chasar- und Chwalyn-Stufe dargestellt. Über die Tektonik der Tiefenschichten, über ihre Stratigraphie und über nutzbare Lagerstätten erhielt man keine Daten.

Auf die gleiche Weise nahmen M. F. KOLBIN und FRANZKUNAS das rechte Ufer des unteren Wolgagebiets geologisch auf. Die Aufnahme wurde bei genauer Beachtung aller bestehenden Instruktionen und mit Hilfe des Verzeichnisses der nutzbaren Bodenschätze (hauptsächlich Sande und Lehme), die auf dem untersuchten Territorium vorkommen, durchgeführt. Die dem Bericht der genannten Autoren beigelegte geologische Karte enthält keine neuen Angaben im Vergleich zu der oben erwähnten geologischen Karte, die der Verfasser im Jahre 1936 für das ganze rechte Ufer anfertigte, und im Vergleich zu der geologischen Karte über den Bezirk Krasnoarmejsk, die im Jahre 1949 auf Grund der Bohrarbeiten von G. A. BRASHNIKOW und JA. S. EWENTOW zusammengestellt wurde.

In den einzelnen Bezirken der Kaspischen Senke wurden hydrogeologische Aufnahmen ausgeführt, aber auch diese können keine richtige Vorstellung von der geologischen Struktur dieses Gebietes vermitteln.

Die Hauptmethode, welche die regionale Struktur der Kaspischen Senke wie jedes anderen Territoriums zu beurteilen gestattet, ist die Gravimetrie. Von 1926 bis heute hat man auf 190000 km² gravimetrische Arbeiten durchgeführt; das ist praktisch auf der ganzen Fläche mit Ausnahme einzelner Abschnitte im Zentrum des Gebiets zwischen der Wolga und dem Uralfluß, in dem Sandsteinmassive verbreitet sind. Mit Hilfe gravimetrischer Arbeiten wurde die erste tektonische Gliederung des Territoriums durchgeführt und die Mehrzahl der Salzdomstrukturen erforscht.

Die Pendel- und Drehwaagemessungen, die während des ersten Fünfjahrplanes zwischen der Wolga und dem Uralfluß und im Gebiet der Wolga-Sarpa-Wasserscheide durchgeführt wurden, zeigten, daß ein beträchtlicher Teil der nördlich und nordwestlich des Kaspischen Meeres gelegenen Fläche die Fortsetzung des Salzkuppelgebiets des erdölführenden Emba-Gebiets darstellt. Einen anderen geologischen Bau weisen die südlichen Bezirke auf, insbesondere Astrachan und Tschernyje Semli. Die gravimetrischen Vermessungen ergaben hier das Vorhandensein eines regionalen Schweremaximums. Dies war eine erste indirekte Bestätigung für die Hypothese A. P. KARPINSKIJS von der Ausbildung eines keimhaft gebliebenen Gebirges im Süden der Russischen Tafel.

Elektrische Verfahren wandte man nur in sehr geringem Maße an; in den letzten 20 Jahren wurde eine Fläche von 5350 km² aufgenommen.

Mit der seismischen Erkundung in den nördlich und nordwestlich des Kaspischen Meeres gelegenen Bezirken wurde begonnen, als in der Sowjetunion die Refraktionsseismik Anwendung fand. In den Jahren 1935—36 führten S. F. BOLSCHICH und A. S. SCHIROKOW auf der Kuppel Soljenoje Sajmistsche die ersten reflexionsseismischen Versuchsaufnahmen durch. Seit 1951 wurde

[2]) Die Berichte liegen im Archiv der Stalingrader Erdrutschstation.

von Geophysikern aus Grosny ein großer Teil des Gebietes um Astrachan und des Kalmückischen Autonomen Gebietes, darunter auch die Ansatzspunkte für die Basisbohrungen Artesian, Dshanaj und Astrachan, aufgenommen. Durch diese Arbeiten wurden innerhalb des KARPINSKI-Walls die Erhebungen Promyslowoje, Olejnikowo, Zubu und Kaspijskoje sowie einzelne Erhebungen im Gebiet von Astrachan nachgewiesen. Geophysiker aus Saratow und Kasachstan haben eine Anzahl von Feldern auf dem linken Wolgaufer aufgenommen, darunter auch den Bohrbezirk der Basisbohrung von Nowousensk, den Randstreifen des linken Wolgaufers innerhalb der Gebiete von Saratow und Stalingrad, einzelne Salzkuppelstrukturen, darunter Nowobogatinskaja, Kandaurowo, Tschernaja Retschka, Aukitajtschagyl, und den östlichen Teil der Trasse des geplanten Wolga-Ural-Kanals. Insgesamt wurde eine Fläche von 35000 km² seismisch aufgenommen.

In Verbindung mit dem Aufsuchen von Erdöl- und Erdgaslagerstätten wurden auf den einzelnen lokalen Erhebungen Craelius-Strukturbohrungen niedergebracht. Durch diese Art von Erkundungsarbeiten sind nicht nur die Strukturen des KARPINSKI-Walls und seiner Abdachung erfaßt worden, sondern auch einzelne Salzkuppeln (insgesamt 19).

Von dem Allunions-Wissenschaftlichen Forschungsinstitut für geologische Erdölerkundung (WNIGNI) wurden 115 Craelius-Profilbohrungen auf einigen das Gebiet von Tschernyje Semli, die Wolga-Sarpa-Wasserscheide und das linke Stalingrader Wolgagebiet querenden Trassen, in den Bezirken Elton, Baskuntschak, Bis-Tschocho und Chudajbergen sowie auf der die Orte Elton und Nowaja Kasanka verbindenden Linie niedergebracht.

In letzter Zeit gewinnen die tiefen Erkundungsbohrungen immer größere Bedeutung. Sie wurden auf den Erhebungen des KARPINSKI-Walls (Promyslowoje, Olejnikowo), im Gebiet von Astrachan und auf einigen Salzstrukturen (Nowobogatinsk, Asau u. a.) durchgeführt; es wurden ebenfalls sieben Basisbohrungen (Tschernyj Rynok, Artesian, Dshanaj, Astrachan, Elton, Nowousensk, Nowaja Kasanka) niedergebracht. Die in den letzten Jahren angewandte Methode komplexer Untersuchungen hält im allgemeinen nachstehende Reihenfolge von Arbeiten ein:

1. geologische Aufnahme überdeckter Gebiete,
2. gravimetrische Aufnahme,
3. Craelius-Strukturbohrungen,
4. Erkundungsbohrungen.

Diese Folgerichtigkeit der Methoden entwickelte sich erst allmählich und wird gegenwärtig, wie vielfach festgestellt werden kann, zu wenig beachtet.

In den letzten Jahren wurden im Gebiet der Kaspi-Senke, u. a. auch im weiter nördlich und nordwestlich des Kaspischen Meeres gelegenen Gebiet, aeromagnetische Aufnahmen ausgeführt, die zuweilen durch gebietsweise geochemische und biogeochemische Untersuchungen und geomorphologische Aufnahmen ergänzt wurden. Diese Arbeiten wurden vom Allunions-Aeromagnetischen Trust unter Leitung von A. L. JANSCHIN, L. B. ARISTARCHOWA und G. F. LUNGERSHAUSEN durchgeführt. An diesen Aufnahmen nahm eine Gruppe Geologen des Moskauer I. M. GUBKIN-Erdölinstituts unter der Leitung von M. P. KASAKOW (1958), M. M. TSCHARYGIN und JU. M. WASSILJEW aktiv teil. In einzelnen Fällen wurden in Verbindung mit der Durchführung aeromagnetischer Aufnahmen ebenfalls einzelne (Craelius-) Strukturbohrungen niedergebracht, so z. B. drei Bohrungen bei der Durchführung der aeromagnetischen Aufnahmen im Gebiet zwischen den Flüssen Wolga und Ural.

Durch die genannten Arbeiten in Verbindung mit den Daten der Geophysik, der Basis-, Erkundungs- und Profilbohrungen ist es möglich, eine etwas vollständigere Kenntnis über den geologischen Bau des Territoriums zu erhalten. Die Methodik der Durchführung aeromagnetischer Arbeiten ist in dem Artikel von JU. M. WASSILJEW (1957) dargelegt. Zur Zeit wird für das ganze Territorium der Kaspi-Senke eine geologische Karte im Maßstab 1 : 500000 zusammengestellt.

In den vorstehend gemachten Vorschlägen zur Methodik der allgemeinen geologischen Untersuchung von Gebieten in Steppenniederungen wird es als notwendig erachtet, bei den Arbeiten zur Anfertigung von geologischen Karten die bereits aufgenommene pliozäne und postpliozäne Decke in den gesamten Untersuchungskomplex mit einzubeziehen. In solche Karten müssen auch die Isopachen der Decke oder die Isohypsen ihrer Basis eingetragen werden. In dieser Beziehung kann man sich auf die Erfahrungen stützen, die das Wissenschaftliche Allunions-Forschungsinstitut für geologische Erdölerkundung (WNIGNI) während seiner Arbeiten im Gebiet von Tschernyje Semli, in der Wolga-Sarpa-Wasserscheide und in dem zwischen den Flüssen Wolga und Ural gelegenen Gebiet gesammelt hat.

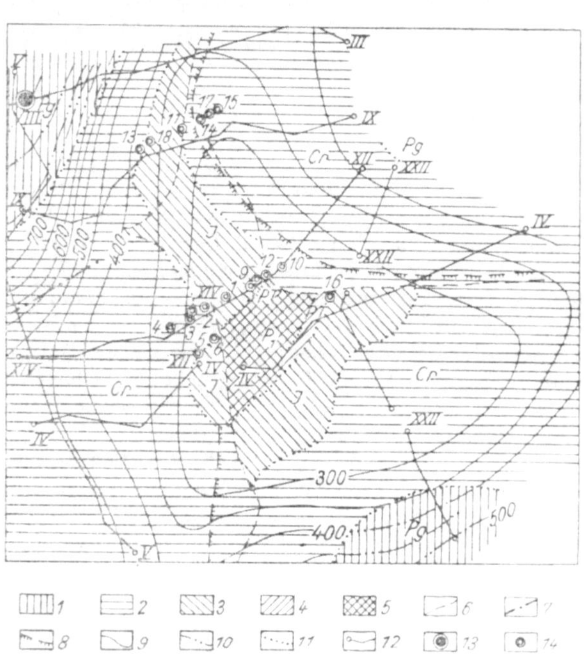

Abb. 2. Schematische geologische Karte des Gebiets der Nowokasansker Basisbohrung (Aukitajtschagyl) mit abgedeckter pliozäner und postpliozäner Verhüllung

1 — Paläogen, 2 — Kreide, 3 — Jura, 4 — Permotrias, 5 — Unteres Perm, 6 — Verwerfungen, 7 — Vermutete Verwerfungen nach Angaben der Seismik, 8 — Grenzen, innerhalb derer keine Reflexionen erhalten wurden, 9 — Isohypsen der reflektierenden Fläche, die mit der Basis des Pliozäns zusammenfallen, 10 — Ebensolche Isohypsen (fallen wahrscheinlich mit irgendeinem Horizont im Senon zusammen), 11 — Geologische Grenzen, 12 — Profillinien (die Richtungen und Nummern fallen mit den Richtungen und Nummern der Profile der seismischen Aufnahme zusammen), 13 — Basisbohrung, 14 — Profil-Kernbohrungen

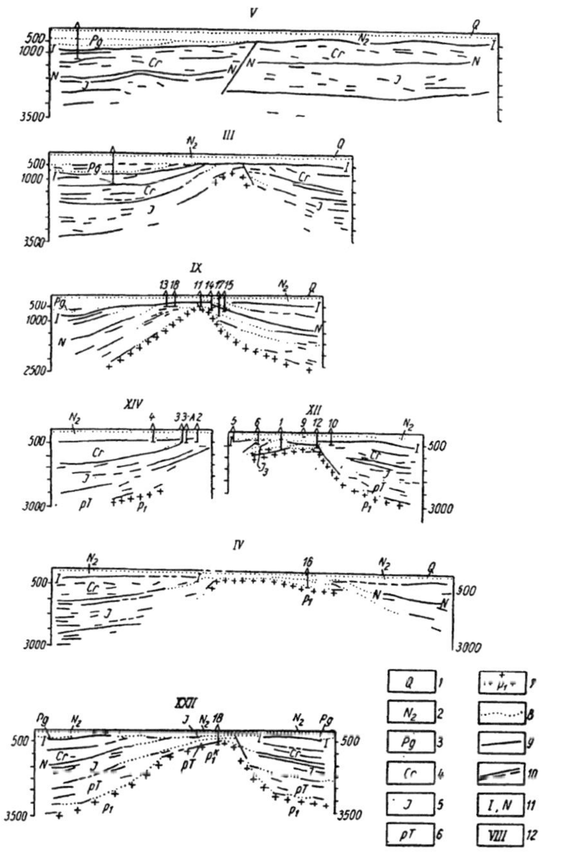

Abb. 3. Seismische und geologische Profile des Gebiets der Nowokasansker Basisbohrung (Aukitajtschagyl)

1 — Quartäre Ablagerungen, 2 — Pliozän, 3 — Paläogen, 4 — Kreide, 5 — Jura, 6 — Permotrias, 7 — Unteres Perm (Steinsalz), 8 — Vermutete geologische Grenzen, 9 — Verwerfungsflächen, 10 — Reflektierende Flächen nach den Angaben der seismischen Aufnahme, 11 — Bezeichnungen der reflektierenden Flächen, 12 — Nummern der geschnittenen seismischen Profile

Die Besonderheit der geologischen Arbeiten des WNIGNI bestand darin, daß man sie komplex durchführte und daß man geologische Karten des ganzen Territoriums und seiner einzelnen Abschnitte unter Berücksichtigung der pliozänen und postpliozänen Decke zusammenstellte. Alle vom WNIGNI auf dem gegebenen Territorium niedergebrachten Craelius-Profilbohrungen hatten die Aufgabe, vorpliozäne Gesteine nachzuweisen. Im östlichen Wolgagebiet wurden fast alle Bohrungen längs der Streichrichtung der seismischen Profile angesetzt. Die Gegenüberstellung der Profile dieser Bohrlöcher mit denen der seismischen Aufnahmen gestattete:

1. die reflektierenden Schichtoberflächen geologisch zu benennen,
2. auf dieser Grundlage geologisch-seismische Profile und
3. geologische Karten von den einzelnen Abschnitten anzufertigen.

Solche Karten wurden insbesondere für eine Reihe von Feldern im östlichen Wolgagebiet zusammengestellt. Für das Territorium der Wolga-Sarpa-Wasserscheide, das nicht seismisch aufgenommen worden ist, wurde eine Karte nach den Ergebnissen der verhältnismäßig zahlreichen Craelius-Profilbohrungen angefertigt.

Obwohl die geologischen Karten mit der aufgenommenen pliozänen und postpliozänen Decke schematischen Charakter haben, so geben sie doch eine Vorstellung des allgemeinen geologischen Charakters der einzelnen Abschnitte und des ganzen Territoriums. Diese Karten sind genügend fundiert, da das seismische Material das notwendige Minimum an Beobachtungspunkten vollkommen ersetzen kann. Bei der Anfertigung solcher Karten ist das Legen von geologisch-seismischen Profilen eine wichtige Arbeitsetappe. Mit Hilfe von Strukturbohrungen wird, wie schon erwähnt, die geologische Benennung der wesentlichen reflektierenden Oberflächen geklärt; für die beständigen Schichtflächen, welche über große Gebiete aushalten, erhält man dieselben Daten mit Hilfe von Basis- und Profilbohrungen.

Die Abbildungen 2, 3, 4 zeigen geologische Karten mit der aufgenommenen pliozänen und postpliozänen Decke sowie seismische Profile, die für die einzelnen Abschnitte des Untersuchungsgebiets (Aukitajtschagyl, Nowousensk) zusammengestellt wurden.

Auf Grund der seismischen Aufnahmen, der Schwereaufnahmen, der Basis- und Profilbohrungen sowie der Erkundungs- und Strukturbohrungen auf einzelnen Abschnitten wurde auch eine geologische Karte mit der aufgenommenen pliozänen und postpliozänen Decke für das ganze Territorium zusammengestellt (Abb. 5). Ungeachtet der vielen weißen Flecke gibt diese Karte eine Vorstellung von der Struktur des ganzen Untersuchungsgebietes.

Die Anfertigung von geologischen Karten unter Einschluß der Deckschichten auf Grundlage der Ergebnisse von Bohrungen und seismischer Arbeiten ist nicht nur für das nördlich und nordwestlich des Kaspischen Meeres gelegene Gebiet notwendig, sondern auch für alle anderen überdeckten Gebiete.

Abb. 4. Schematische geologische Karte des Gebiets von Nowousensk mit abgedeckter pliozäner Verhüllung

1 — Neogen, 2 — Paläogen, 3 — Obere Kreide, 4 — Untere Kreide, 5 — Oberer Jura, 6 — Reflektierende seismische Flächen, 7 — Verwerfungen, 8 — Geologische Grenzen, 9 — Profillinie, 10 — Basisbohrung, 11 — Profil-Kernbohrungen

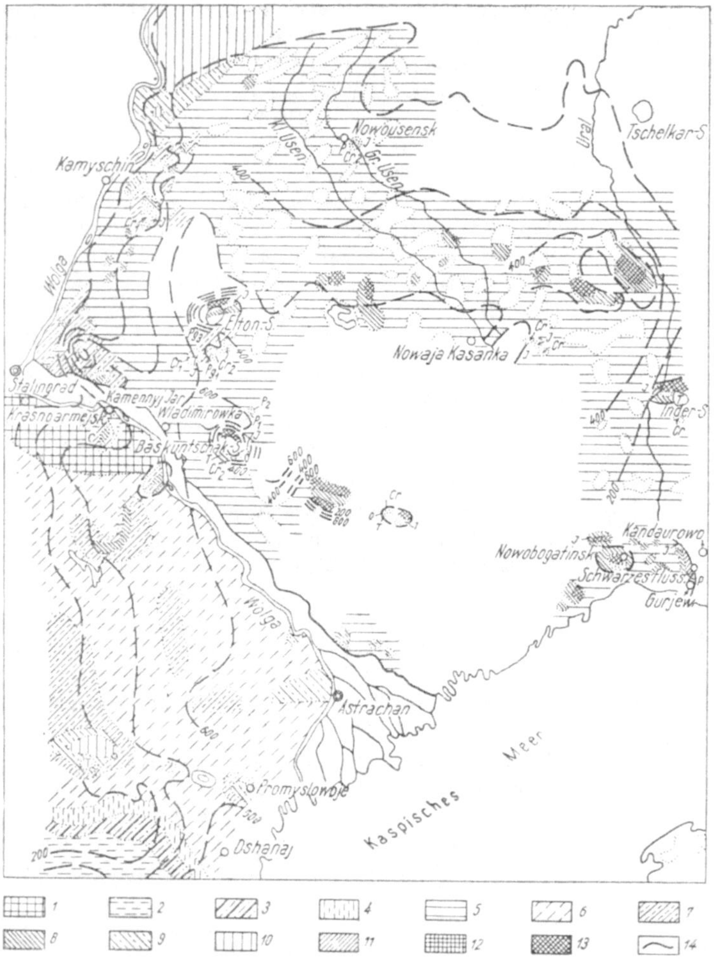

Abb. 5. Schematische geologische Karte des westlichen Teils der Kaspi-Senke mit abgedeckter pliozäner Verhüllung

1 — Miozän (nicht gegliedert), 2 — Oberes Sarmat, 3 — Mittleres Sarmat, 4 — Karagan- und Konka-Horizont, 5 — Paläogen (nicht gegliedert), 6 — Oligozän, 7 — Paläozän und Eozän, 8 — Kreide (nicht gegliedert), 9 — Obere Kreide, 10 — Untere Kreide, 11 — Jura, 12 — Trias, 13 — Perm, 14 — Isohypsen der Lagerungstiefe der Pliozänbasis

Eine Ausnahme von dieser Regel kann nur für die Gebiete zugelassen werden, in denen die seismische Aufnahme vorläufig keine zuverlässigen Resultate ergibt. Aber auch in diesem Falle ist es notwendig, festzustellen, daß das Hauptziel der geologischen Aufnahme (abgesehen von Karten der quartären Ablagerungen) die Anfertigung einer Karte mit aufgenommenen Deckschichten auf der Grundlage von geophysikalischen Daten und von Profilbohrungen ist.

Selbstverständlich müssen die Normen der Verteilung der geologischen Untersuchungspunkte auf der aufzunehmenden Oberfläche (sogenannte „Konditionen") in überdeckten Gebieten anders sein als in aufgeschlossenen. Die Erforschung jedes überdeckten Gebiets muß mit der Basisbohrung begonnen werden, die in Verbindung mit den regionalen geophysikalischen Arbeiten durchgeführt wird. Wenn ein neues, großes überdecktes Gebiet für die allgemeine geologische Untersuchung vorgeschlagen wird, so muß die Basisbohrung unverzüglich nach den aeromagnetischen Aufnahmen und den Schwereaufnahmen sowie nach den seismischen Aufnahmen auf den Abschnitten, die für das Niederbringen solcher Bohrungen vorgesehen sind, durchgeführt werden. Eine Basisbohrung reicht für eine Fläche von 100000—200000 km² aus. In Gebieten mit komplizierterem Bau sollte eine solche Bohrung im Durchschnitt für eine Fläche von 25000—30000 km² Aussagekraft haben. Die Basisbohrungen brauchen nicht unbedingt in den Scheiteln der lokalen Erhebungen angesetzt zu werden. Die Hauptaufgabe der Basisbohrung besteht darin, eine Grundlage für die Untersuchung der stratigraphischen und faziellen Besonderheiten des Untersuchungsgebiets zu schaffen. Die Aufgabe jeder einzelnen Bohrung ist es, ein möglichst tiefes Profil zu erschließen und die wesentlichen geophysikalischen Parameter zu erhalten. Außer Basisbohrungen ist das Niederbringen von tiefen Struktur-Profilbohrungen vorzusehen. Die letzteren brauchen nicht unbedingt an strukturelle und geophysikalische Anomalien geknüpft zu werden.

In allen Fällen, in denen es notwendig ist, den geologischen Bau dieses oder jenes Territoriums zu erforschen oder eine geologische Karte für dasselbe anzufertigen, müssen die Arbeiten in folgender Reihenfolge durchgeführt werden:

1) Anfertigung einer geologischen Karte über die Ablagerungen, die an die Oberfläche ausgehen, auf der Grundlage der Ergebnisse der aeromagnetischen Aufnahmen und eines Minimums der notwendigen zusätzlichen geologischen Arbeiten auf bestimmten Strecken.

Bei der Anfertigung von Karten der quartären Ablagerungen ist eine Untersuchung der Geomorphologie und der jüngsten Tektonik (der Reliefform, der Mächtigkeit der quartären Ablagerungen, ihrer Lagerungsbedingungen) erforderlich.

2) Seismische Aufnahme.

3) Niederbringen einer geringen Anzahl von Strukturbohrungen, um die Mächtigkeit des Pliozäns festzustellen. Die Bohrungen müssen längs der seismischen Profile auf solche Weise angesetzt werden, daß man eine möglichst große Anzahl refraktionsseismisch reflektierender Schichtoberflächen geologisch charakterisieren kann. Auf einer Fläche von etwa 500 km² können bis zu 15—20 Bohrungen bei Teufen von 400 m und darüber (manchmal bis zu 1500 m) angesetzt werden.

4) Zusammenstellung von seismogeologischen Profilen.

5) Anfertigung einer stratigraphischen Übersicht auf Grund des Bohrgutes innerhalb des gegebenen Abschnitts der Basisbohrung und in den Nachbargebieten. Die Mächtigkeiten einer Reihe von Schichten werden auf Grund der Resultate der seismischen Aufnahmen genauer festgelegt. Dabei muß man berücksichtigen, daß es nicht in allen Fällen möglich ist, die Serien bis zur Stufe zu gliedern. Manchmal lassen sie sich nicht genauer gliedern als bis zur Unterabteilung und Formation.

In letzter Zeit wird in Verbindung mit den Perspektiven der Sucharbeiten auf Erdöl der Erforschung überdeckter Gebiete große Aufmerksamkeit gewidmet. Die Durchführung der geologischen Aufnahmen und der eingehenden geologischen Untersuchung einzelner Territorien wird durch eine spezielle Instruktion zur Durchführung von geologischen Aufnahmearbeiten im Maßstab 1 : 200000 in überdeckten Gebieten der UdSSR festgelegt.

Eine solche Instruktion ist zeitgemäß und notwendig. Es wäre zu wünschen, daß die oben dargelegten Vorschläge über die Anfertigung geologischer Karten einschließlich der aufgenommenen Deckschichten auf der Grundlage der seismischen Daten und der Kernbohrungen in der Instruktion ihren Niederschlag fänden. Der Arbeitskomplex, der in der Instruktion vorgeschlagen wird, muß in erster Linie eine genügende Anzahl von seismischen Untersuchungen vorsehen. Dabei kann man die Forderungen an die gravimetrischen Aufnahmen herabsetzen und sich auf die Anfertigung einer Schwerekarte im Maßstab 1 : 500000 beschränken. Das Netz der seismischen Profile muß eine genügende Dichte aufweisen. Bei der begrenzten Zahl von Beobachtungspunkten und der verhältnismäßig kleinen Anzahl von Bohrungen sind gerade die seismischen Angaben in vielen Gebieten die Grundlage, auf der eine geologische Karte mit Einschluß der Deckschichten angefertigt werden kann.

In der Instruktion über geologische Aufnahmen im Maßstab 1 : 200000 ist die Anfertigung von faziellen und geochemischen oder geologischen Karten für die verschiedenen Tiefenhorizonte sowie von Strukturkarten oder tektonischen Schemata vorgesehen. Das kompliziert nur die Arbeit und ist für die Untersuchung der einzelnen Kartenblätter nicht notwendig.

Zusammenfassung

In dem Beitrag wird am Beispiel der nördlich und nordwestlich des Kaspischen Meeres gelegenen Gebiete die Methodik der geologischen Untersuchung überdeckter Gebiete beschrieben.

Dabei wird die Reihenfolge der Arbeiten geschildert. Die geologische Aufnahme überdeckter Gebiete stützt sich vornehmlich auf die Gravimetrie als die Hauptmethode, die Tiefenstruktur eines Gebietes zu erforschen. Aeromagnetische Aufnahmen, reflektionsseismische u. a. geophysikalische Aufnahmen ergänzen die Gravimetrie. Ihnen folgen Craelius-Strukturbohrungen und Erkundungsbohrungen. Die Ergebnisse der Basisbohrungen werden zur Beurteilung der Gesamtstruktur herangezogen.

Zur Verbesserung der geologischen Untersuchung überdeckter Gebiete werden beachtenswerte Verbesserungsvorschläge gemacht. Auf deren wachsende Bedeutung für die Erdölerkundung wird hingewiesen.

Резюме

В статье описывается методика геологического изучения закрытых районов на примере северного и северо-западного Прикаспия.

При этом излагается последовательность работ. Геологическая съемка закрытых районов опирается главным образом на гравиметрию, которая является основным методом для исследования глубинной структуры района. Аэромагнитные съемки, сейсмические съемки, проведенные методом отраженных волн, и другие геофизические съемки дополняют гравиметрию. За ними следуют структурное крелиусное бурение и разведочное бурение. Результаты опорного бурения используются для характеристики общей структуры.

Для улучшения геологического изучения закрытых районов имеются замечательные рационализаторские предложения. Указывается на их растущее значение для разведки на нефть.

Summary

The example of the areas situated in the North and North-West of the Caspian Sea is quoted to describe the methodics of geological exploration of covered areas.

Exploration of depth structure by gravimetry comes first in the sequence of works and is the chief method of investigating covered areas. It is completed by aeromagnetic, seismic reflection and other geophysical studies, and is followed by structural drillings according to the Craelius method as well as exploration drillings. The evaluation of the general structure includes results obtained by base drillings.

Suggestions worthy of notice are made to improve the geological exploration of covered areas, whose growing significance for the exploration of petroleum is indicated.

Literatur

ARCHANGELSKIJ, A. D.: Allgemeine geologische Karte des europäischen Teils der UdSSR, Blatt 94, Stalingrad, Geologischer Bau der westlichen Hälfte des Blattes. — Verlag des Geologischen Komitees, 1928.

BOGDANOW, A. A.: Salzkuppeln des unteren östlichen Wolgagebietes. — Bulletin der Moskauer Gesellschaft der Naturforscher, Abt. Geol., Bd. XII (Nr. 3), 1934.

EWENTOW, JA. S.: Der westliche Teil der Kaspi-Senke. — Skizzen zur Geologie der UdSSR (nach dem Material der Basisbohrung); Arbeiten des WNIGRI, Bd. 1, neue Serie, Ausg. 96, Gostoptechisdat, 1956.

— Die Perspektiven der Erdöl-Gasführung des westlichen Teils der Kaspi-Senke. — Skizzen zur Geologie der UdSSR (nach dem Material der Basisbohrung). Arbeiten des WNIGRI, Bd. 3, Ausg. 111, Gostoptechisdat, 1957.

ILJIN, W. D. & L. A. BOJARINOWA: Der geologische Bau des Elton-See-Gebiets. — Arbeiten des WNIGNI, 4. Ausg., Gostoptechisdat, 1954.

KASAKOW, M. P., M. M., TSCHARYGIN, JU. M. WASSILJEW, W. W. SNAMENSKIJ, & R. SEJFUL-MULJUKOW: Der tektonische Bau der Kaspi-Senke. Gostoptechisdat, 1958.

KARPINSKIJ, A. P.: Übersicht über die geologische Vergangenheit Rußlands. Bemerkungen über den Charakter der Dislokationen der Gesteine im Süden des europäischen Rußlands, 1883 (1919). — Verlag der Akademie der Wissenschaften der UdSSR, 1939.

MUSCHKETOW, I. W.: Geologische Untersuchungen in der Kalmückischen Steppe. — Arbeiten des Geologischen Komitees, Bd. XVI, Nr. 1, 1895.

— Geologische Untersuchungen in der Kirgisischen Steppe. — Arbeiten des Geologischen Komitees, Bd. XIV, 1896.

SEMICHATOW, A. N. & N. M. STRACHOW: Geologischer Bau des Baskuntschak-Gebiets. — Nachrichten des Geologischen Komitees, Bd. XXVIII, Nr. 4, 1929.

SKWORZOW, W. P.: Die Lagerstätte Nowobogatinsk im Ural-Erdölgebiet. — Erdölwirtschaft, Nr. 11, 1929.

WASSILJEW, JU. M.: Die Anwendung von Aeromethoden bei den geologischen Aufnahmen im erdölführenden Ural-Emba-Gebiet. — Arbeiten des Moskauer I. M. GUBKIN-Erdölinstituts, Ausgabe 19, Gostoptechisdat, 1957.

Bulgarische Buntmetallproduktion

Die Volksrepublik Bulgarien wird sich in wenigen Jahren zu einem der führenden Länder in der Buntmetallförderung und -verarbeitung entwickeln. Während 1952 nur 2700 Tonnen Blei erzeugt wurden, waren es 1956 bereits 6000 Tonnen. 1958 stieg die Bleierzeugung auf 26070 Tonnen, d. h. auf mehr als das Vierfache des Jahres 1956, an. In den ersten neun Monaten 1959 wurde bereits die gesamte Jahresproduktion von 1958 erreicht. Die Pro-Kopf-Produktion von Blei, die im Jahre 1957 3,4 kg betrug, soll im Jahre 1965 13,5 kg betragen. Auch in der Kupfer- und Zinkproduktion sind erhebliche Produktionssteigerungen vorgesehen.

Das Zentrum der bulgarischen Buntmetallgewinnung liegt in den Rhodopen. Hier sind in wenigen Jahren große Industriebetriebe, wie das Blei- und Zinkwerk in Kyrdshali, entstanden. Noch in den Jahren des dritten Fünfjahrplanes soll mit dem Bau eines neuen modernen Blei- und Zinkwerkes in der Nähe der bulgarischen Messestadt Plowdiw begonnen werden. E.

Die hydrogeologischen Verhältnisse des Bac–Bo, Demokratische Republik Vietnam

HANS-JÖRG WEDER & JOHANNES ZIESCHANG, Berlin

1. Geographische, klimatische und hydrographische Verhältnisse

Vietnam erstreckt sich längs der Ostküste des Südchinesischen Meeres etwa zwischen dem 9. und 23. Grad nördlicher Breite. Das Land ist entlang dem 17. Breitengrad in einen südlichen Teil, Südvietnam, und in einen nördlichen Teil, Demokratische Republik Vietnam, politisch gegliedert. Die Demokratische Republik Vietnam grenzt im Westen an Laos und im Norden an die Volksrepublik China und umfaßt etwa 155000 km². Drei Elemente bauen das Land im wesentlichen auf: hohe Gebirge, relativ breite Hochflächen in mittlerer Höhenlage und ausgedehnte Flußebenen mit Deltabildungen.

So erstrecken sich im nördlichen Teil der Demokratischen Republik Vietnam mehrere Deltaebenen und verbinden sich mit der weitaus größten, der des Song-Hong (Roter Fluß), zu einem ausgedehnten Tiefland, dem Bac-Bo, in dem auch die Hauptstadt Hanoi (220000 Einwohner) und Haiphong (150000 Einwohner) liegen. Die Bevölkerungszahl beläuft sich auf rd. 14 Millionen, von denen etwa 50% im Bac-Bo mit einer Bevölkerungsdichte von 417 Einwohnern/km² ansässig sind. Die Fläche des bebauten Landes umfaßt etwa 1,5 Mio ha, wovon mehr als zwei Drittel auf den Bac-Bo entfallen. Rund 975000 ha werden von Reiskulturen mit hohem Wasserbedarf eingenommen; auf der restlichen Fläche werden Trockenkulturen, wie Zuckerrohr, Mais, Erdnüsse u. a., angebaut.

Das Klima Vietnams ist tropisch und wird vom Monsun bestimmt. Während des tropischen Winters dringt die sog. Westwindzone gelegentlich bis in das Gebiet des Bac-Bo vor und spendet dann bei starker Bewölkung einen schwachen Nieselregen, Crachin genannt. Im Bac-Bo kann man deutlich zwei jahreszeitliche Klimaperioden unterscheiden: eine trockene und relativ kühle, von November bis Ende April, sowie eine nasse und heiße, von Mai bis Ende Oktober (Abb. 1).

Die Regenmenge je Jahr liegt im Durchschnitt bei 1800 mm und kann Werte bis zu 3000 mm erreichen. Vom Observatorium in Phu-Lien wurden folgende Regenhöhen gemessen:

Jahr	J	F	M	A	M	J	J	A	S	O	N	D
1926	42	43	80	26	263	378	250	742	414	270	21	63
1927	15	56	30	36	145	173	321	162	1193	56	1	42
1928	26	85	23	102	285	393	453	453	106	64	118	2
1929	43	135	56	119	172	137	530	195	317	43	76	14
1930	17	39	48	105	222	319	440	176	208	64	23	86
Mittel	29	72	47	79	217	280	399	346	448	100	48	41

Aus den Beobachtungen der Jahre 1926 bis 1930 ergibt sich ein Jahresniederschlagsmittel von 2106 mm. Acht Zehntel des gesamten Jahresniederschlages fallen in der Zeit zwischen Mai und September, wobei die Zeit von Juli bis September die bei weitem regenreichste ist. Tage, an denen 100 mm Niederschlag fallen, sind keine Seltenheit. Die durchschnittliche mittlere Jahrestemperatur liegt bei 24° C (Meteorologische Station Hanoi); der Monat mit der niedrigsten Temperatur ist der Januar mit 14°, und die höchste Monatstemperatur entfällt auf den Juni mit fast 33° C (jeweilige Durchschnittswerte).

Die relative Luftfeuchtigkeit schwankt zwischen etwa 45% im Februar, März, April und rd. 95% im September, Oktober. Die Verdunstungshöhe beträgt etwa 850 mm/Jahr.

In Vietnam unterscheidet man zwei Saisonwinde, die auch in das Gebiet des Bac-Bo eindringen, und zwar den Sommermonsun aus SO in den Monaten April bis September, der von starken Regenfällen begleitet ist, und den kühl-trockenen Wintermonsun aus NO in der Zeit von Oktober bis März. Außerdem wird das Gebiet des Bac-Bo in den Monaten Juli bis November von Taifunen heimgesucht. Diese Wirbelwinde nehmen ihren Ursprung im Pazifischen Ozean in Äquatornähe östlich der Philippinen oder im Bereich zwischen den Philippinen und Vietnam. Die Taifune erreichen Geschwindigkeiten bis zu 200 km/h und sind von außergewöhnlich starken Regenfällen begleitet. (Der Taifun vom 2. 10. 1943 in Phu-Lien erreichte 180 km/h; der vom 26. 9. 1955 in Hon-Gay brachte fast 450 mm Niederschlag.)

Die Küstengebiete des Bac-Bo liegen zwischen 0,5 bis 1 m über dem Meeresspiegel; der Tidenhub beträgt im Mittel 4 m. Während eines Taifuns steigt der Hochwasserstand des Meeres bis zu 2,7 m, so daß auf Grund

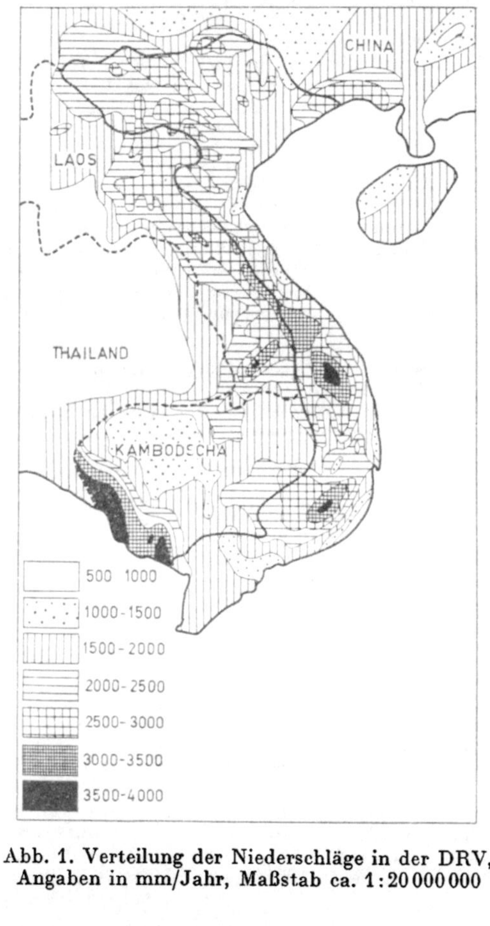

Abb. 1. Verteilung der Niederschläge in der DRV, Angaben in mm/Jahr, Maßstab ca. 1:20000000

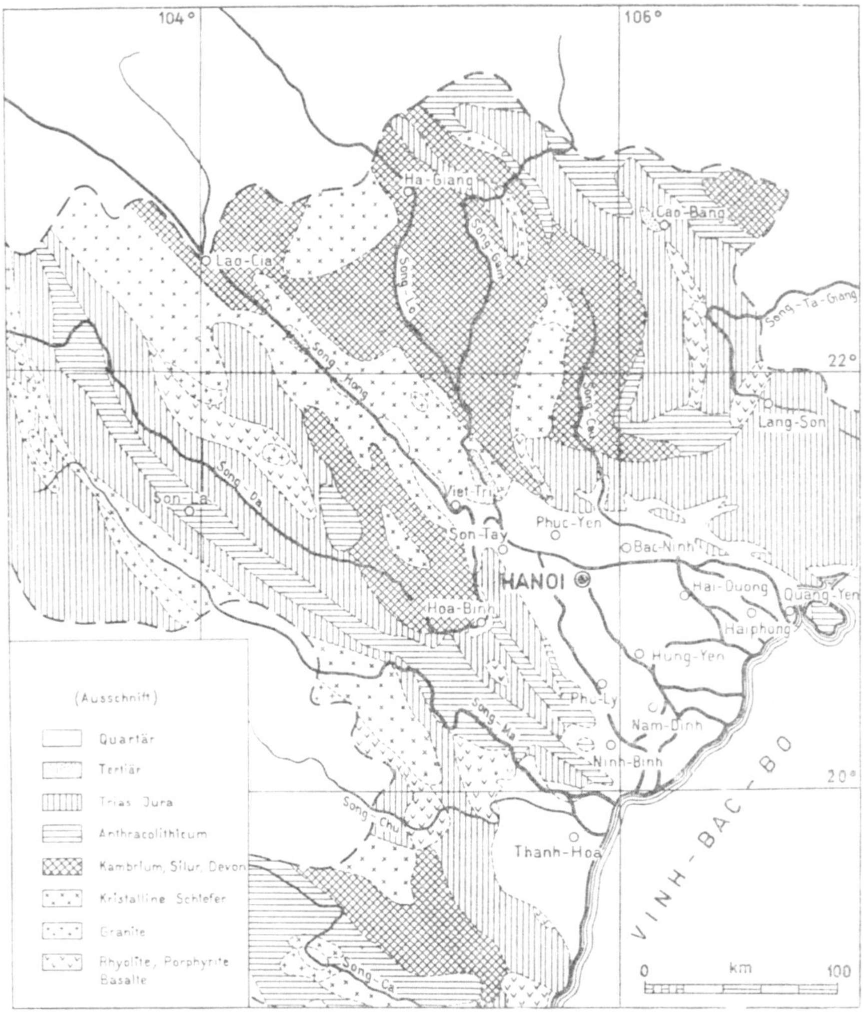

Abb. 2. Geologische Karte der Demokratischen Republik Vietnam

dessen ständig mit einer Überflutung durch Salzwasser von annähernd 300000 ha landwirtschaftlich genutzter Fläche gerechnet werden muß. Ebbe und Flut wirken sich bis weit in das Innere des Landes aus. Während der Trockenperiode dringt das Meerwasser 20—50 km flußaufwärts.

Das Tiefland des Bac-Bo beginnt in Viet-Tri und dehnt sich bis zur Küste — von Ninh-Binh bis Quang-Yen — über 140 km aus. Es wird von zwei Flußsystemen durchzogen, dem des Song-Hong und dem des Thai-Binh. Der Song-Hong entspringt in den Gebirgen der Provinz Jünnan (Volksrepublik China) bei 2000 m über NN. Seine Gesamtlänge beträgt 1050 km, wovon 494 km auf vietnamesisches Territorium entfallen. Das Sohlengefälle des Flusses ist auf der Fließstrecke durch Nordvietnam dreifach gebrochen und verringert sich von 0,32 m/km auf 0,17 m und 0,14 m je km, bevor er in die noch flachere Fließstrecke im Delta eintritt. Die Abflußmenge bei Hanoi beträgt max. 30000 m³/s; im Januar 1958 1000 m³/s.

Die beiden größten Nebenflüsse des Song-Hong sind der Song-Da und der Song-Lo, die ebenfalls auf chinesischem Boden entspringen. Der Song-Da (Schwarzer Fluß) weist eine Gesamtlänge von 910 km auf. An seiner Einmündung führt er dem Song-Hong max. 10000 m³/s zu. Das Gefälle des Song-Da ist ebenfalls dreifach gebrochen; es verringert sich von 1,6 m/km auf 0,36 m/km und 0,33 m/km. Der Song-Lo (Klarer Fluß) ist 370 km lang und hat selbst 3 bedeutende Nebenflüsse, den Chay, den Gam und den Pho-Day. Der Song-Hong führt seine jährliche Wassermenge von 130 Mrd. m³ durch drei Arme, den Day, den Lach-Giay und den Tra-Ly, dem Meere zu.

Dem wesentlich kleineren Thai-Binh (Großer Fluß) fließen der Cau (220 km), der Thuong (75 km) und der Luc-Ngan (170 km) zu; das Wasser strömt über vier Arme, den Thai-Binh, den Vinh-Mon, den Kinh-Thou und den Lach-Van-Uc, zum Meer. Die maximale Abflußmenge des Thai-Binh liegt bei 3000 m³/s. Die beiden Flußnetze sind durch den Song-Duong und den Song-Luoc miteinander verbunden, durch die ein Teil des Wassers des Song-Hong dem Thai-Binh zufließt. Auf Grund des Klimas unterliegen die Wassermengen ebenso wie die Wasserstände großen jahreszeitlichen Schwankungen.

Die Demokratische Republik Vietnam ist ein Agrarland; Reis bildet die Hauptanbaukultur. Auf der etwa 975000 ha mit Reis bebauten Fläche werden eine oder zwei Ernten erzielt; oder der ersten Reisernte schließt sich der Anbau von Trockenkulturen an. Die Reisernten fallen in die Monate Mai (Ernte des 5. Monats) und Oktober (Ernte des 10. Monats). Allerdings liegt der Ertrag der Maiernte infolge der geringen Niederschläge um etwa 50% niedriger als der der Oktoberernte. Der Wasserbedarf des Reises während der Wachstumsperiode beträgt 500—600 mm. Für die Reisernte des 5. Monats ist der Wasserbedarf vor allem in den Monaten Januar und April höher als die durch die Niederschläge erzeugte Wassermenge. Dagegen übersteigt die Regenmenge im Mai den Wasserbedarf beträchtlich und verursacht Überschwemmungsgefahr. Für die Ernte des 10. Monats liegt der Wasserbedarf normalerweise unter der fallenden Niederschlagsmenge. Beide Ernten sind aber unter Umständen sowohl durch Überschwemmungen als auch durch Trockenheiten gefährdet. Langjährige Beobachtungen zeigen beispielsweise, daß drei von zehn Ernten der Dürre zum Opfer fallen.

Aus dem Dargestellten geht hervor, daß zur Sicherung der landwirtschaftlichen Grundlage der Demokratischen Republik Vietnam ständig Maßnahmen gegen Salzwasserüberschwemmungen und Taifune, gegen Niederschlagswasserüberfluß und gegen Trockenheiten ergriffen werden müssen. Die Maßnahmen zur Verhinderung bzw. Milderung von Trockenheiten nehmen einen vorrangigen Platz ein. Im Frühjahr 1958 waren z. B. im Bac-Bo 500000 ha durch eine anhaltende Dürre betroffen. Dabei kommt naturgemäß der Bewässerung der landwirtschaftlichen Nutzfläche aus den Flußläufen die größte Bedeutung zu. Aber daneben muß auch versucht werden, in den zentral gelegenen und geländemäßig höher liegenden Bereichen, die durch das existierende Kanalsystem nicht erreicht werden, in verstärktem Maße Grundwasser zur Bewässerung heranzuziehen.

2. Geologische Verhältnisse (Abb. 2)

In der Demokratischen Republik Vietnam sind als sogenannter kristalliner Unterbau im wesentlichen Gneise in Gemeinschaft mit Granitintrusionen vertreten. Eine generelle NW—SO-Streichrichtung ist auch bei jüngeren Bildungen vorherrschend und ergab sich aus der Lage des kristallinen Blockes von Indosinia und des südchinesischen Blockes; die Hauptausprägung erfolgte in der kimmerischen Orogenese.

In der Nähe der Kristallingebiete herrschen besonders die altersmäßig dem Präkambrium folgenden Gesteine des Altpaläozoikums vor; sie setzen sich vor allem aus Sandsteinen oder Quarziten sowie aus Schiefern und Kalken zusammen, während im Karbon und Perm im allgemeinen nur Kalke abgelagert wurden.

Die triassischen Schichten sind, mit Ausnahme des Rhät, im wesentlichen durch Kalke und Rotgesteine charakterisiert, allerdings ist noch ein Überwiegen mariner Ablagerungen zu verzeichnen. Erst im Rhät und im Lias kamen sehr mächtige Festlandsbildungen zur Ablagerung (Grès supérieurs bzw. Grès continentaux). Da das Mesozoikum im wesentlichen nur durch Trias und Lias vertreten ist, muß die kimmerische Orogenese neben einer verfestigenden Wirkung auch eine intensive Hebung des Landes nach sich gezogen haben, so daß in der Folgezeit überwiegend Abtragung stattfinden konnte. Nur vereinzelt bildeten sich Senken, in denen Festlandssedimente zur Ablagerung gelangten (jungtertiäre Bildungen).

Zu Beginn des Quartärs lag in der Demokratischen Republik Vietnam eine relativ starke Verfestigung der Gesteine vor, so daß hauptsächlich nur epirogene Bewegungen stattfinden konnten. Sie dauerten im gesamten Quartär an und machten sich durch Hebungen und Senkungen bemerkbar, die im Verein mit Verbiegungen und Verwerfungen auftraten (sog. mouvements-postmiopliocènes). An Verwerfungen, besonders an größeren Bruchzonen, die vor allem an den Randgebieten des Zentralmassivs in Süd-Vietnam in Erscheinung treten, fanden basaltische Ergüsse statt (hauptsächlich im Altquartär).

Die Verschiebung der Küstenlinie war für die Erosionswirkung sowie für die Ablagerungsart und den Aufbau der Sedimente im Quartär des Bac-Bo von ausschlaggebender Bedeutung. Auf Grund der Tiefen- oder Höhenlage sowie der petrographischen Beschaffenheit der Quartärbildungen und nach den beobachteten Erosionserscheinungen an älteren Gesteinen müssen Verschiebungen der Küstenlinie in der Quartärzeit angenommen werden. Eine Überprüfung derselben im Hinblick auf die Änderungen des Meeresniveaus in den quartären Eiszeiten wurde noch nicht vorgenommen.

Die geologische Skizze des Bac-Bo (Abb. 3) zeigt die Grenze der Quartärablagerungen gegen die älteren Gesteine. Innerhalb der quartären Sedimente wurde eine Kernzone ausgeschieden, in der keine Aufragungen des präquartären Untergrundes vorliegen. In diesem Gebiet dürften die größten Quartärmächtigkeiten zu suchen sein.

Diese Kernzone umfaßt im wesentlichen das Delta des Song-Hong und wird von jungquartären Bildungen aufgebaut. Altquartäre Bildungen können nur in der Randzone und in den untersten Schichten vermutet werden; sie sind jedoch in den weitaus meisten Fällen einer nachfolgenden Erosionsperiode zum Opfer gefallen.

Ein Beweis für das jungquartäre Alter der zentralen Deltaablagerungen ist die Geschwindigkeit, mit der sich das Delta meerwärts vorschiebt. Sie beträgt im Mittel etwa 50 m/Jahr. Der südlichste, aktivste Teil des Deltas des Song-Hong hatte allein im vorigen Jahrhundert einen Zuwachs von rd. 10 km.

Der Hauptort der Provinz Ninh-Binh lag im 10. Jahrhundert noch an der Küste; heute liegt er ca. 50 km von der Küste entfernt. Nach vietnamesischen Schätzungen beträgt die Gesamtmenge an Schwebstoffen des Song-Hong etwa 80000000 m^3 jährlich. Danach hätte sich der Unterteil des Deltas in einer Breite von 50 km und in einer Mächtigkeit von 30 m innerhalb der letzten 2000 Jahre gebildet. Auf Grund der beobachteten altquartären Erosionstiefen am Unterlauf des Song-Da (50 m bzw. bis —36 m NN), der Wasserwerksbohrungen bei Hanoi (mindestens 65 m bzw. bis —58 m NN) und geomorphologischer Betrachtungen kann angenommen werden, daß die Gesamtmächtigkeit der Lockersedimente im Bac-Bo im Maximum kaum mehr als 100 m beträgt. Vor deren Ablagerung muß der Meeresspiegel viel tiefer gelegen haben, so daß die dem Meere zuströmenden Wässer mit ausreichendem Gefälle die alten Gesteine abtragen konnten. Nach den bisherigen Beobachtungen und in Anbetracht der heutigen Tiefe des Südchinesischen Meeres liegt die Vermutung nahe, daß sich die Küstenlinie etwa zwischen der Südspitze der Insel Hainan südwestwärts bis nach Hoi-An in Mittel-Vietnam hingezogen hat. Während dieser regressiven Periode wird in Nord-Vietnam die Erosion vorherrschend gewesen sein, und die Ablagerung der von den Flüssen transportierten Bodenteilchen wird südwestlich der Insel Hainan stattgefunden haben.

3. Hydrogeologische Verhältnisse des Bac-Bo

Die jüngsten Deltasedimente werden in Küstennähe mehr als 35 m mächtig und setzen sich aus den kleinsten Korngrößen zusammen. Die tiefsten bekannten Bohrungen im jüngsten Deltabereich bei An-Tho (Bohrung 1, Höhe + 1,3 m NN, Endteufe 22,3 m), Ha-Nam (Bohrung 2, Höhe + 0,7 m NN, Endteufe 35 m) und Thu-Tri (Bohrung 3, Endteufe 24 m) zeigen Wechsellagerung von Tonen, Schluffen und schluffigen Sanden. Daneben treten fast überall hohe Glimmeranteile auf. Die Farbe ist überwiegend grau, und nur an der Oberfläche zeigt sich eine Rotfärbung; z. T. sind die Schichten durch Anhäufung organischer Substanzen schwarz gefärbt (Pflanzenreste sind sichtbar).

Die Sande, überwiegend aus Quarz bestehend, sind fast ausschließlich durch die feinkörnige Komponente vertreten und kommen selten rein vor. Da somit ein gut durchlässiger und zusammenhängender Grundwasserleiter fehlt, wird eine umfangreiche Grundwassergewinnung, zumindest aus den oberen Bodenschichten im jüngsten Teil des Bac-Bo, selten möglich sein. Die tieferen Quartärablagerungen des Küstenbereiches sind bisher durch Bohrungen noch nicht erkundet worden. Vermutlich werden sich mit zunehmender Tiefe häufiger Sande und z. T. auch Kiese einschalten und können dann einen ergiebigen Grundwasserleiter bilden; jedoch muß im Küstengebiet mit versalzenem Grundwasser gerechnet werden. So ist beispielsweise im östlichen Teil des Bac-Bo bereits versalzenes Grundwasser festgestellt worden. Aus diesem Grunde muß Haiphong das Trinkwasser aus dem etwa 35 km entfernten Randgebirge des Bac-Bo beziehen.

Das Grundwasser kann durch Deichbrüche und nachfolgende Überschwemmungen von der Seeseite (Zusammenwirken von Flut und Taifunen) oder durch das während der Niedrigwasserführung 20—50 km in die Flußläufe landeinwärts vordringende Salzwasser versalzen werden. Im Nordwestteil des Bac-Bo, also im Oberteil des Deltas des Song-Hong, und zwar in der weiteren Umgebung von Hanoi, liegen Bohrergebnisse vor, die genauere Aussagen besonders über die Hydrogeologie der tieferen quartären Sedimente gestatten (Abb. 3).

Als Standardprofil soll eine beim Wasserwerk Ngo-Si-Lien in Hanoi niedergebrachte Bohrung dienen. Folgende Schichten wurden angetroffen (Bohrung 4):

0,0— 3,0 m Tiefe	Ton, rot
— 7,0 m	Ton, grau
—14,0 m	Ton, schwach feinsandig, schluffig, gelb-rot
—19,0 m	Feinsand, schwach schluffig, gelb
—34,2 m	Feinsand, mittel- bis grobsandig, feinkiesig, schluffig, gelb-grau
—44,2 m	Sand
—65,0 m	Kies

Der an der Erdoberfläche lagernde mehrere Meter mächtige Tonhorizont ist fast überall im Bac-Bo anzutreffen; und nur auf Grund seiner geringen Wasserdurchlässigkeit ist Reisanbau möglich.

Das Bohrergebnis sagt aus, daß die Korngröße mit zunehmender Tiefe allmählich zunimmt, wobei jedoch bemerkt werden muß, daß die Schichten bis etwa 35 m Tiefe meist noch einen hohen Schluffgehalt besitzen. Nur die Schichten zwischen 14—19 m Tiefe (in Bohrung 4) deuten einen allerdings wenig durchlässigen Grundwasserleiter an. Tatsächlich spielen diese innerhalb der wenig durchlässigen bis praktisch undurchlässigen obersten Deltasedimente auftretenden grundwasserleitenden Schichten eine besondere Rolle bei der Grundwassergewinnung durch einfachste Brunnentypen. Dieses sog. obere Grundwasserstockwerk ist allen Bohrergebnissen nach nicht einheitlich ausgebildet. Während es in der weiteren Umgebung von Hanoi oft innerhalb der obersten 15 m angetroffen wird (Bohrung 5 bei Dinh-Du, Provinz Van-Lam: Höhe + 5 m NN, bis 6 m Tiefe Tone und Schluffe, 6—15 m Tiefe Fein- und Mittelsand, schwach schluffig, glimmerig; Bohrung 6 bei Dong-Coi: Höhe +4,50 m NN, bis 5 m Tiefe Ton, 5—11,50 m Tiefe schluffig-toniger Feinsand, 11,5 bis 12 m Tiefe sandiger Kies; Bohrung 7 bei Khin-No: bis 4 m Tiefe Ton, 4—11,5 m Tiefe Sand, 11,5—14, 5 m Tiefe sandiger Ton), wird die Fündigkeit der Bohrungen auf das obere Stockwerk bereits südöstlich von Hanoi mit abnehmender Entfernung von der Küste erheblich geringer (s. Bohrungen 1, 2 und 3 sowie Bohrung 8 bei Ban-Nang: Höhe + 5 m NN, bis 10 m Tiefe Ton, 10 bis 15 m Tiefe stark tonig-schluffiger Feinsand).

Die Entstehung dieses Stockwerkes fällt in die Zeit, als die Flüsse das Delta noch ungebändigt durchströmten. Ihre Läufe verlagerten sich ständig, und die im Flußbett abgelagerten gröberen Sedimente wurden z. T. wieder erodiert oder umgelagert, so daß das obere Stockwerk heute uneinheitlich und zerrissen erscheint.

Die im Standardprofil für das Gebiet von Hanoi (Bohrung 4) angegebenen wenig durchlässigen Bildungen bis 35 m Tiefe gehen zunächst in reine Sande über, die wiederum von Kiesen unterlagert werden. Dieses untere Grundwasserstockwerk bildet einen sehr mächtigen Grundwasserleiter, der sich hauptsächlich aus gerundeten Kiesen aller Größen aufbaut. Die Kiese bestehen vor allem aus Quarz, Quarzit und Kieselschiefer. Sie wurden bis-

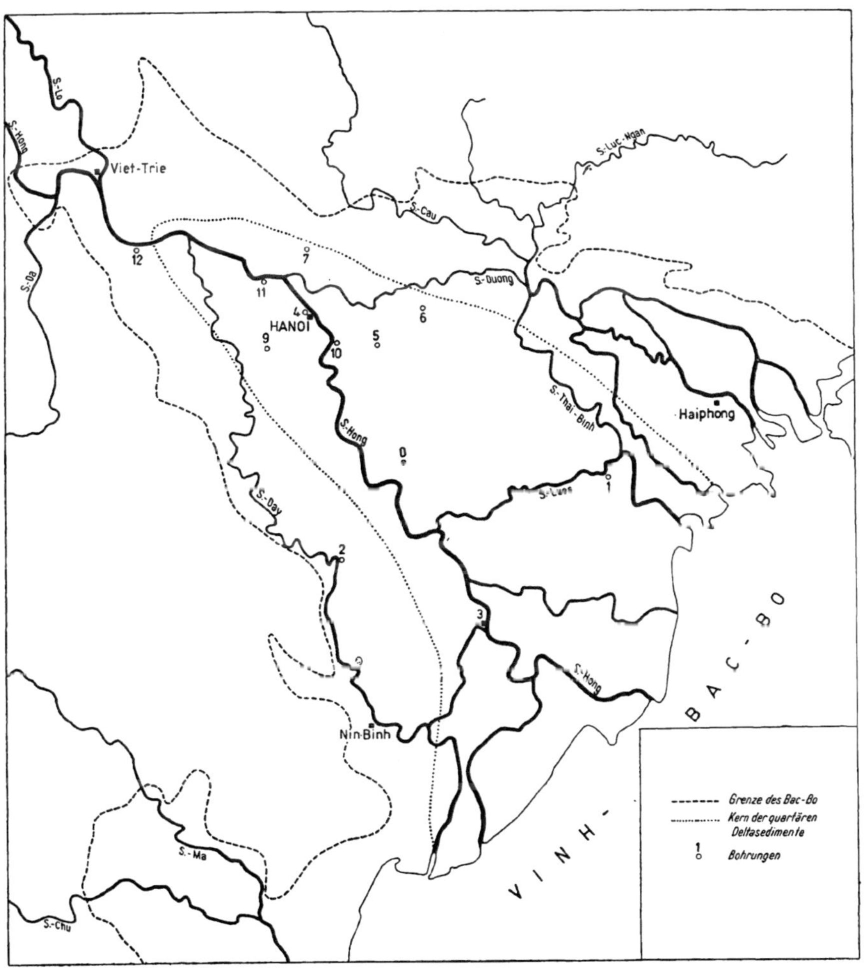

Abb. 3. Skizze des Bac-Bo, Maßstab 1:300000

her bei Hanoi bis 65 m Tiefe oder bis —58 m NN nachgewiesen, ohne das Liegende zu erreichen. Der untere Grundwasserleiter wurde im gesamten Stadtgebiet und in der weiteren Umgebung von Hanoi ab etwa 35—40 m Tiefe angeschnitten (Bohrung 9 bei Ha-Dong: Höhe + 4,9 m NN, bis 25 m Tiefe Ton und Schluff, z. T. sandig, 25—40 m Tiefe schluffiger Sand, ab 40 m Tiefe kiesiger Sand; Bohrung 10 bei Giang-Cao: Höhe + 6,2 m NN, bis 33 m Tiefe Ton und Schluff, z. T. sandig, 33—40 m Tiefe kiesiger Sand). Seine Deckfläche steigt steiler als die Oberfläche des Bac-Bo nach Nordwesten an (Bohrung 11 bei Lien-Mac: Höhe + 10,9 m NN, bis 24 m Tiefe tonige Sedimente, 24—37,5 m Tiefe Sand, ab 37,5 m Tiefe sandiger Kies; Bohrung 12 bei Son-Tay: Höhe + 12,5 m NN, bis 7 m Tiefe roter Ton, 7—13 m Tiefe sandiger Schluff, 13—22 m Tiefe Sand und Kies wechsellagernd).

Damit kann gesagt werden, daß im obersten Teil des Deltas des Song-Hong ein Verschmelzen des oberen und unteren Grundwasserstockwerkes vorliegt, während im Gebiet von Hanoi ein schwer durchlässiger Horizont die Trennung herbeiführt. Zu berücksichtigen ist jedoch, daß eine gewisse hydraulische Verbindung auch im letztgenannten Falle vorhanden ist.

Eine hydraulische Verbindung zum Fluß ist bei beiden Stockwerken gegeben. Das geht aus Beobachtungen im Wasserwerk der Stadt Hanoi hervor, wo die im unteren Grundwasserstockwerk stehenden Rohrbrunnen vom Flußwasserstand abhängige Grundwasserspiegelstände zeigen. (In Brunnen 5 des Wasserwerkes Yen-Phu liegt der Ruhewasserspiegel normal bei 6,50 m u. Gel., jedoch bei Flußhochwasser etwa 3 m u. Gel.) Die hydraulische Verbindung dürfte im obersten Teil des Deltas besonders wirksam sein, da dort die obersten undurchlässigen Bildungen nur geringmächtig sind und der Song-Hong tiefe Einschnitte aufweist.

Die Bewegung des Grundwassers ergibt sich naturgemäß aus den vorhandenen Druckunterschieden. Allgemein wird sich das Grundwasser im Delta in Anlehnung an die Fließrichtung des Oberflächenwassers von Nordwest nach Südost bewegen. Außerdem wird sich das Grundwasser, da es sich im Verhältnis zum Flußwasser sehr langsam bewegt, je nach dem Pegelstand des Flußwassers zum Fluß hin oder vom Fluß landeinwärts bewegen. Die Grundwasserschwankungen werden dadurch in Flußnähe am größten sein. Nach chinesischen Angaben liegen bei der Bohrung 10 Grundwasserbeobachtungen etwa 1 km vom Fluß entfernt vor, die bei Flußhochwasser (+ 8 m NN) einen Grundwasserstand von + 7 m NN und bei Flußniedrigwasser (+ 2 m NN) einen Grundwasserstand von + 3 m NN ergaben.

Die Wasserführung des obersten Grundwasserleiters wird durch die Versickerung in den Reisfeldern z. T. zusätzlich beeinflußt. Nach vietnamesischen Angaben beträgt die Versickerung im Reisfeld etwa 1,5 mm/Tag. Das untere Grundwasserstockwerk wird bisher nur bei Hanoi genutzt. Seit 1900 besteht eine zentrale Stadtversorgung. Bis 1931 erfolgte die Wasserförderung in einem Wasserwerk, das heute noch als Hauptwasserwerk in Betrieb ist. Infolge des ständig steigenden Wasserbedarfes wurden nach 1931 weitere Wasserwerke gebaut. Insgesamt bestehen gegenwärtig fünf Wasserwerke für die Trinkwasserversorgung von Hanoi:

Yen-Phu (Hauptwerk im Norden der Stadt)	9 Brunnen
Don-Thuv (im Osten der Stadt)	4 Brunnen
Ngo-Si-Lien (im Zentrum der Stadt)	3 Brunnen
Bach-Mai (im Süden der Stadt)	2 Brunnen
Ngoc-Ha (im Nordwesten der Stadt)	1 Brunnen

Sämtliche Brunnen sind etwa 60 m tief, die Filter stehen also in dem bei 40—45 m unter Gelände beginnenden unteren Grundwasserstockwerk.

Im Hauptwasserwerk Yen-Phu werden den Brunnen im Mittel etwa 80 m³/h entnommen. Die Brunnenbewirtschaftung in den anderen Wasserwerken zeigt ähnliche Werte. Sämtliche Brunnen sind mit Pumpen besetzt. Die Absenkung erfolgt maximal bis 17 m unter Gelände. Der Stand des Ruhewasserspiegels ist von der Höhe des Geländes über NN und vom Wasserstand des Flusses abhängig.

Insgesamt werden in der Trockenzeit (= kalte Zeit) in allen Wasserwerken etwa 15000 m³/Tag und in der Regenzeit (= heiße Zeit) etwa 19000 m³/Tag Grundwasser gefördert. Jedes Wasserwerk hat seine eigenen Aufbereitungsanlagen. Das Wasser wird frei verdüst und über Langsam- und Schnellfilter gebracht. Außerdem erfolgt eine Chlorung des Trinkwassers. Die Temperatur des Grundwassers beträgt in der heißen Zeit etwa 26° C. Der Eisengehalt des Grundwassers ist sehr unterschiedlich. Im Minimum wurden 3 mg/l (Ngo-Si-Lien) und im Maximum 25 mg/l (Don-Thuv) festgestellt. In den Provinzstädten des Bac-Bo bestehen keine Zentralwasserversorgungen. Die Trinkwasserversorgung erfolgt oft durch hygienisch einwandfrei angelegte Kesselbrunnen aus dem oberen Grundwasserstockwerk (Abb. 4). In den Dörfern wird das Trinkwasser durch meist wenige Meter tiefe Kesselbrunnen aus den obersten grundwasserführenden Schichten gewonnen. Zum Teil erfolgt die Wassergewinnung aus Zisternen (Abb. 5).

Da das obere Grundwasserstockwerk in verschiedenen Gebieten bereits wenige Meter unter der Erdoberfläche beginnt, versuchte man bei der im Jahre 1958 inesetzenden Dürre in den zentral gelegenen Gebieten, in denen die Oberflächenwasserzuleitung noch Schwierigkeiten bereitet, Grundwasser zur Bewässerung der Agrokulturen heranzuziehen. Diese als Übergangs- oder Notlösung zu betrachtende Grundwassergewinnung für

Abb. 4. Kesselbrunnen für die Trinkwasserversorgung in Bac Nihn

Abb. 5. Offene Zisterne in einem Vorort von Hanoi

Abb. 6. Brunnengrube bei Van-Lam

Bewässerungszwecke soll von den Bauern selbst durchgeführt werden. Daher können nur einfachste Grundwassergewinnungsmethoden Anwendung finden, die sich naturgemäß nur auf das oberste Grundwasserstockwerk erstrecken. Es wurden 2 Brunnenbaumethoden popularisiert. Die erste und einfachste Methode bildet die Schaffung einer Grube, die den Grundwasserleiter anschneidet. Sie erfordert sehr viel Platz (Einengung der Bewirtschaftungsfläche) sowie erhebliche Bodenbewegungen und kann daher nur dort Eingang finden, wo der Grundwasserleiter in geringer Tiefe anzutreffen ist. In Abb. 6 ist eine solche Brunnengrube aus dem Gebiet Van-Lam zu sehen, wo die günstigsten natürlichen Bedingungen dafür gegeben sind.

Eine normale Brunnengrube mißt etwa 10 m im Durchmesser und kann als ergiebig bezeichnet werden, wenn es möglich ist, einen Hektar Reis zu bewässern. Das sich sammelnde Grundwasser muß durch die üblichen Handschöpfgeräte meist in mehreren Stufen gehoben werden. Die Standdauer der Brunnengruben, die ohne besondere Vorkehrungen angelegt sind (z. B. ohne Böschungsschutz durch Faschinen), ist meist gering.

Die zweite Methode der Grundwassergewinnung ist die mittels Schachtbrunnen. Sie ist komplizierter als die erste und erfordert neben verschiedenen Baumaterialien eine gewisse bautechnische Erfahrung. Der Schachtbrunnen besteht aus lose gesetzten Ziegelsteinen, die durch vertikal gezogene Drähte einen gewissen inneren Zusammenhalt erlangen. Der untere Teil wird außen durch Bambusmatten abgedeckt, um eine vorzeitige Versandung zu verhindern. Der Schachtbrunnen wird in der üblichen Weise allmählich abgesenkt. Am besten eignet sich diese Konstruktion bei einer Lage des oberen Grundwasserstockwerkes zwischen 6—12 m unter Gelände. Sie wurde besonders für die im Gebiet Thuan-Thanh (Bohrung 6) angetroffenen hydrogeologischen Verhältnisse empfohlen. Da ein allzu feiner Grundwasserleiter eine schnelle Versandung und Leistungsminderung hervorruft, ist eine wirtschaftliche Anwendung der letztgenannten Brunnenbaumethode eng begrenzt. Die Abb. 7 zeigt einen fertigen Schachtbrunnen, aus dem die Wasserförderung mittels Göpel erfolgt (die Wasserhebung durch Ständerpumpen ist in Vietnam unbekannt). Auf Grund des feinsandigen Grundwasserleiters lag die Leistung unter 1 l/sec.

Aus der Schilderung der hydrogeologischen Verhältnisse geht eindeutig hervor, daß die Gewinnung von Grundwasser zu Bewässerungszwecken zumindest durch einfachste Methoden und aus dem oberen Grundwasserstockwerk nur eine Not- oder Übergangslösung sein kann, da ein bedeutend größerer wirtschaftlicher Effekt durch die Nutzung von Flußwasser erreicht wird.

Der dazu notwendige Aus- und Neubau von Kanälen sowie Stau- und Pumpanlagen wird in Zukunft die Gefahr von Dürren vollständig beseitigen können, wobei das Ziel einer großräumigen Wasserregelung vor allem durch die sich schnell entwickelnde sozialistische Kollektivierung in relativ kurzer Zeit erreicht werden wird.

Abb. 7. Chinesischer Schachtbrunnen mit vietnamesischem Göpel

Zusammenfassung

Der Beitrag gliedert sich in 3 Abschnitte. Im 1. Abschnitt werden die geographischen, klimatischen und hydrographischen Verhältnisse geschildert. Der Schwerpunkt der Betrachtungen liegt auf der Schilderung der Niederschlags- und Abflußverhältnisse. Im 2. Abschnitt werden die geologischen Verhältnisse im wesentlichen nur im Hinblick auf die hydrogeologischen Verhältnisse innerhalb quartärer Bildungen geschildert. Der 3. Abschnitt bringt die Beschreibung der hydrogeologischen Verhältnisse des Bac-Bo, des ausgedehnten nordvietnamesischen Tieflandes, das im wesentlichen durch das Delta des Song-Hong (Roter Fluß) gebildet wird und ein intensiv genutztes Landwirtschaftsgebiet mit hoher Bevölkerungsdichte darstellt. Nach Bohrergebnissen wird der hydrogeologische Aufbau des Quartärs allgemein charakterisiert. Es werden Angaben über Mächtigkeit, Kornaufbau, Lage und Ergiebigkeit der grundwasserleitenden Schichten gemacht. Außerdem sind die hydrogeologischen Zusammenhänge zwischen Grundwasser und Flußwasser beschrieben. Besonders an Hand der Angaben aus den Wasserwerken von Hanoi werden einige hydrochemische Werte bekanntgegeben.

Abschließend wird auf die Nutzung des Grundwassers eingegangen, wobei provisorische Grundwassergewinnungsmethoden für Bewässerungszwecke in der Landwirtschaft beschrieben werden.

Резюме

Статья состоит из трех разделов. В первом разделе описываются географические, климатические и гидрографические условия. Главную часть занимает описание условий атмосферных осадков и отлива. Во втором разделе геологические условия описаны главным образом в отношении гидрогеологии в пределах четвертичных образований. В третьем разделе дано описание гидрогеологических условий Бакбо, широкой низменности Северного Вьетнама, образованной главным образом дельтой Сончкоя (Красной реки) и представляющую интенсивно использованную сельскохозяйственную площадь с густой населенностью. Гидрогеологическое строение четвертичного периода характеризовано в общих чертах по результатам бурений. Даются сведения о мощности, гранулометрическом составе, расположении и дебитности пластов, носящих грунтовую воду. Кроме того описаны гидрогеологические соотношения между грунтовой водой и речной водой. В частности даны некоторые гидрохимические данные на основании проб гидростанций Ханоя.

В заключении говорится об использовании грунтовой воды, причем дается описание временных методор добывания грунтовой воды для орошения в сельском хозяйстве.

Summary

The article is divided into three paragraphs. Geographical, climatic and hydrographical conditions are dealt with in the first paragraph, with the chief importance being concentrated on the description of precipitations and drainage conditions. In the second paragraph geological conditions are mainly considered only with a view to hydro-geological conditions within quaternary formations. The third paragraph is concerned with a description of hydro-geological conditions in the vast Bac-Bo lowland of Northern Vietnam. Mainly formed by the Song-Hong (i. e. Red River) delta, it represents an intensively cultivated agricultural area with a high density of population. After a description of results obtained by drillings the hydro-geological structure of the Quaternary is characterized in general including informations about thickness, granulemetric composition, position and delivery of ground water bearing layers. In addition a record is given of hydro-geological relations between ground and river water, and hydro-chemical data furnished by Hanoi waterworks are published.

At last the paper deals with the utilization of ground water describing provisional methods of taking ground water for irrigation purposes in agriculture.

Literatur

BABLET & BADER: Le problème de l'eau potable à Hanoi. — Archives de l'Institut Pasteur d'Indochine, Octobre 1931.

BÖRNERT, H., H.-J. WEDER & J. ZIESCHANG: Gutachten über wasserwirtschaftliche, hydrogeologische und ingenieurgeologische Fragen in der Demokratischen Republik Vietnam. — 1958 (unveröffentlicht).

Carte Géologique de L'Indochine. (Maßstab 1:500000 mit Erläuterungen, 1927.)

Zur Festlegung der Konditionen für mineralische Rohstoffe [1)]

Der Standpunkt einiger amerikanischer Autoren

FRIEDRICH STAMMBERGER, Berlin

1. Vorbemerkung

Die Festlegung des industriellen Minimalgehaltes im Erz wird bei uns z. Z. oft noch nach unrichtigen oder veralteten Grundsätzen vorgenommen. Da diese Festlegung unter Berücksichtigung aller einwirkenden Faktoren gegenwärtig noch Schwierigkeiten macht, wird die exakte Bestimmung entweder durch vereinfacht verstandene Einzelkriterien oder durch mehr oder weniger grobe Schätzungen ohne jede gründliche Untersuchungen ersetzt. Beides ist abzulehnen, zu widerlegen ist in diesem Falle jedoch nur das erstgenannte Verfahren, weil es oft noch Anspruch auf Wissenschaftlichkeit erhebt.

Eines der beliebtesten Einzelkriterien sind die Selbstkosten oder die Gestehungskosten. Die Trennung des bauwürdigen vom unbauwürdigen Erz wird dabei gewöhnlich nach folgendem Grundsatz durchgeführt: ,,Wenn die durchschnittlichen Abbau- und Verarbeitungskosten einer Tonne Erz gleich x sind und der Wert des gewinnbaren Metallinhaltes einer Tonne Erz niedriger als x ist, hört das Erz auf, bauwürdig zu sein.“ Diese Feststellung erinnert auf den ersten Blick so sehr an eine Binsenwahrheit, daß Einwände überhaupt nicht möglich erscheinen. Nun ist jedoch weder vom grundsätzlichen noch auch vom Standpunkt der Gestehungskosten diese These richtig. Sie wurde bereits vor 30 Jahren (!) in der amerikanischen Fachliteratur widerlegt. Wenn sie bei uns dennoch und trotz grundlegender Veränderungen in der sozialen Struktur unserer Wirtschaft und Gesellschaft aufrechterhalten wird, so spricht das nicht für unsere Bergwirtschaftler.

Obwohl diese amerikanische Kritik und die vorgeschlagene Methode keineswegs in allen Punkten unsere Zustimmung finden, halten wir es für sinnvoll, über diese Arbeit kurz zu referieren, weil sie gewisse Berührungspunkte mit den von der ZVK eingeführten Begriffen des industriellen Minimalgehaltes und des geologischen Schwellengehaltes aufweist.

[1)] Fortsetzung aus Heft 10 (1959) der Z. angew. Geol.

2. „How Much of the Vein is Ore?"

„Wieviel vom Gang ist Erz?" Unter diesem Titel veröffentlichte E. G. LAWFORD (1928) einen Aufsatz, der natürlich von den üblichen amerikanischen Anschauungen ausgeht: Erz ist „Gestein, das genügend gewinnbares Material enthält, um den Abbau und die Verarbeitung mit Profit zu gewährleisten". LAWFORD geht von einem Beispiel aus, bei dem einer Tagesförderung von 1000 Tonnen Ausgaben in Höhe von 5000 Dollar gegenüberstehen, und beweist, daß Erz nicht nur solches Gestein ist, in dem das gewinnbare Mineral einen Wert von mehr als 5 Dollar hat.

Bei seiner Beweisführung unterscheidet er zwischen Ausgaben, die von der Höhe der Tagesförderung nicht beeinflußt werden (fixen Kosten), und Kosten, die der Tagesförderung proportional sind. Er nimmt in seinem Beispiel die ersten mit 1,50 Dollar und die zweiten mit 3,50 Dollar an und untersucht die günstigste Abbaubreite für die in der Abb. gegebenen Verhältnisse der Blöcke A und B. Jedes der angegebenen Probenintervalle hat eine Länge von 5 Foot. Die eingezeichneten Dollar-Werte geben den Wert des in jeder Tonne des Intervalles gewinnbaren Minerals an. Durch die Vergrößerung der Abbaubreite um 5 Foot könnte jeder Block statt 100 t täglich 133 t liefern.

Die von LAWFORD durchgeführten Berechnungen haben ergeben, daß beim Abbau der 33 Tonnen zu 4 Dollar der Gesamtgewinn steigt, beim Abbau der 3-Dollar-Erze dagegen sinkt. LAWFORD sucht die Grenze, welche nach den Begriffen der kapitalistischen Wirtschaft „Erz" vom „Tauben" trennt, und leitet folgende Formel ab:

Wenn n — die Tagesförderung in Tonnen,
a — die proportionalen Kosten pro Tonne,
b — die fixen Kosten,
v — der Wert des gewinnbaren Inhalts pro Tonne
ist, so gilt:

$$n \cdot v - (na + b) = \text{Profit} \quad (1)$$
$$n(v - a) - b = \text{Profit} \quad (2)$$

Aus Formel (2) folgt: Wenn v kleiner als a ist, wird (v — a) zu einer negativen Größe und verkleinert bei wachsender Tagesförderung (n) den Profit oder vergrößert den Verlust.

Umgekehrt, wenn v größer als a ist, wird (v — a) zu einer positiven Größe und wirkt sich bei einer Vergrößerung der Tagesförderung positiv auf das Betriebsergebnis aus.

LAWFORD zieht hieraus einige allgemeine Schlußfolgerungen:

1. Auf jeder Grube existieren Vorräte, die beim gleichzeitigen Abbau mit besseren Qualitäten den Gewinn erhöhen, obwohl der gewinnbare Mineral-Inhalt unter dem allgemeinen Tonnen-Kostensatz liegt. LAWFORD bezeichnet diese Vorräte als „Klasse 2". Er weist darauf hin, daß seine — unten skizzierte — Berechnungsmethode nur einen groben Überblick gibt, außerdem nur innerhalb bestimmter Grenzen gültig ist. Denn über einen bestimmten Punkt hinaus verschiebt und verändert sich das Verhältnis der fixen zu den proportionalen Kosten.

2. LAWFORD scheidet aus den Vorräten außerdem noch eine „Klasse 3" aus, das sogenannte development-Erz, d. h. bei der Aus- und Vorrichtung anfallendes Erz. Nach seiner Meinung sollte dieses Erz — weil es seiner Natur nach in jedem Falle abgebaut werden muß — nur mit einem Teil der Förderkosten belastet werden: Schacht-Förderung, Fracht bis zum Erzbunker und Anteil an den Verwaltungskosten. Wenn Gestein der Klasse 3 so viel gewinnbaren Mineralinhalt besitzt, daß diese Kosten gedeckt werden, ist es „potentieller Träger von Profit und sollte als Erz betrachtet werden". LAWFORD empfiehlt, in gewissen Zwangslagen (wenn der Durchschnittsgehalt der Monatsförderung niedrig ist) lieber die Vorrichtungsarbeiten zeitweilig zu stoppen, als solches Erz in den Versatz zu geben.

Er wendet sich ebenfalls gegen die oft geübte Praktik, sogar Erz der Klasse 2 in den Versatz zu nehmen, wenn die Mehrzahl der Abbaue im Erz der Klasse 2 steht und der gewünschte Durchschnitt absinkt, um auf diese Weise den Durchschnittsgehalt zu erhöhen. „Der Durchschnittsgehalt wird auf diese Weise natürlich erhöht, doch ein unwiederbringlicher Verlust an abbauwürdigem Erz ist eingetreten."

Positiv an diesem Vorschlag ist u. E. die differenzierte Betrachtungsweise der in einer Grube anfallenden Erzsorten und -kosten. Uns ist nur in einigen Schächten des Mansfeld-Kombinats eine fast analoge Behandlung gewisser minderwertiger Erzpartien bekannt. In den meisten Bergbaubetrieben unserer Republik wird bei ähnlichen Verhältnissen leider noch zu oft mit allgemeinen Kennziffern gearbeitet, die zwangsläufig zu volkswirtschaftlichen Fehlentscheidungen führen.

Fehlerhaft an der Darstellung LAWFORDs ist auch für kapitalistische Verhältnisse:

1. Die Ausgliederung von nur zwei Kostengruppen: fixe und proportionale. Das wurde u. a. auch von dem Amerikaner R. K. WARNER bemängelt. Tatsächlich wirken sich Veränderungen der von LAWFORD vorgeschlagenen Art vielseitiger aus. Gewisse Kostenteile bewegen sich günstig nur bis zu einer gewissen Grenze, wie allgemein auch LAWFORD bemerkt hat. Unbeachtet blieb von ihm jedoch die Tatsache, daß verschiedene Kostenanteile verschiedene „kritische" Punkte haben und sich nicht gleichmäßig auf die Gesamtkosten auswirken.

2. Allgemein bekannt ist die Tatsache, daß das Ausbringen gewöhnlich mit sinkenden Gehalten abnimmt. Technische Neuerungen, die solche Verluste beseitigen könnten, verursachen zusätzliche Investitionen. Es erhöht sich somit der fixe Kostenanteil, wodurch die

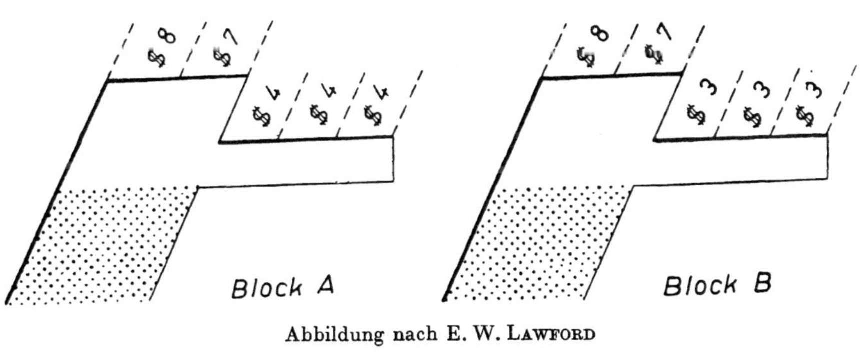

Abbildung nach E. W. LAWFORD

positive Auswirkung — wie sie von LAWFORD berechnet wurde — abgeschwächt oder ganz aufgehoben werden kann.

Auch nach Meinung WARNERs kann die Grenze zwischen Erz und Taubem keineswegs so einfach gefunden werden, wie es LAWFORD vorschlägt:

„Die Frage kann jedoch nur gelöst werden, wenn der erzielbare Profit bei verschiedenen Abbaubreiten und Erzgehalten für die Tonnage abgeschätzt wird und dann die Abbaubreite abgebaut wird, welche den Maximalprofit gibt. So eine Studie ist für jede Grube auch wegen der Rückschlüsse für die Bestimmung des besten Produktionsausmaßes nützlich, wobei das Kapital und andere Kosten für jeden Produktionsausstoß in Betracht genommen werden."

WARNER kommt damit der für die DDR vorgeschlagenen Methode der Varianten erstaunlich nahe (STAMMBERGER 1957).

LAWFORD hat für das von ihm angeführte Beispiel (Abb.) ausgerechnet, wie sich das Betriebsergebnis verändert, wenn die Abbaubreite 10, 15, 20 oder 25 Foot groß ist:

Abbaubreite in Foot	Durchschn. gewinnbarer Wert pro t in Dollar	Tagesförderung in Tonnen	Gewinnbarer Inhalt in Dollar	Proportionale Kosten	Fixe Kosten	Gesamtkosten	Tagesprofit in Dollar
Block „A" / Einbeziehung von 4-Dollar-Erzen							
10	7,50	66,6	500	233	150	383	117
15	6,33	100,0	633	350	150	500	133
20	5,75	133,3	764	466	150	616	148
25	5,40	166,6	896	581	150	731	165
Block „B" / Einbeziehung von 3-Dollar-Erzen							
10	7,50	66,6	500	233	150	383	117
15	6,0	100,0	600	350	150	500	100
20	5,25	133,3	698	466	150	616	82
25	4,80	166,6	797	581	150	731	66

LAWFORD will mit dieser Tabelle beweisen, daß trotz erhöhter Produktion und entsprechendem Metallausstoß die Einbeziehung der 3-Dollar-Erze abzulehnen ist. Wenn sich — wie unter kapitalistischen Produktionsverhältnissen — der ökonomische Nutzeffekt nur im Profit und seiner Höhe ausdrückt, ist eine solche Schlußfolgerung verständlich. Zugleich wird offensichtlich, daß die LAWFORDsche Schlußfolgerung für unsere Verhältnisse nicht zutrifft. Bei entsprechendem Metallbedarf dürfte bei uns seine Deckung selbst ohne jeden betrieblichen Gewinn ausreichender ökonomischer Nutzeffekt für die Erweiterung des Abbaus sein.

3. Halten die Amerikaner die Verschneidung reicher Erze mit armen ökonomisch für richtig?

Zum Verständnis der nachfolgenden, einander z. T. widersprechenden Auffassungen amerikanischer Autoren ist es notwendig, den Begriff des Gegenwartswertes (present value) einer Grube kurz zu erläutern, da er bei der Behandlung bergwirtschaftlicher Probleme in den USA, England und anderen westlichen Ländern fast stets den Berechnungen und Betrachtungen zugrunde liegt.

Der Gegenwartswert ist der gegenwärtige Wert eines in Zukunft bei besonderen Auszahlungsbedingungen zu erhaltenden Einkommens. BAXTER & PARKS (1957) formulieren das für den Gewinn aus einer Grube folgendermaßen: „Der jährliche Profit oder das Einkommen aus einer Grube kann als eine Jahresrente betrachtet werden. Diese Jahresrente hat einen Wert (value); ihr Preis kann berechnet werden. Die Übereignung einer Grube stellt einfach (merely) die Übertragung einer Jahresrente der oder des Einkommens aus der Grube dar. Zur Bestimmung der Ziffer, zu der der Wechsel der Jahresrente oder des Einkommens stattfindet, muß der Gegenwartswert dieser Jahresrente oder des Einkommens berechnet werden." Eine solche Berechnung läuft darauf hinaus, die Gesamtsumme aus der Höhe der Jahresrente und Anzahl der Jahre ihrer Laufzeit bei Berücksichtigung der Zinseszinsen zu ermitteln. Die kanonische Formel, nach der in Amerika dieser Gegenwartswert berechnet wird, stammt von HOSKOLD (1905)[2])

$$V_p = \frac{A}{\frac{r}{R^n - 1} + r'}$$

Hier ist V_p — der Gegenwartswert
A — jährliche Zahlungen (jährl. Rente)
r — Amortisationsrate
n — Laufzeit der Rente
r' — der sog. spekulative Zinssatz, d. h. der erwartete Gewinn
R — $r + 1$

a) E. S. BERRY propagiert selektiven Abbau reicher Erze

BERRY (1922) betrachtet im wesentlichen nur große Lagerstätten. Dieser Umstand muß hervorgehoben werden. Selbstverständlich erkennt er die HOSKOLD-Formel voll an. BERRY warnt jedoch davor, daß die alleinige Berücksichtigung der für diese Formel maßgebenden Ausgangsdaten — Erzvorräte, Gewinn pro Tonne und Betriebskapazität — zu sehr ernsten Fehlern führen könne, da auch andere Faktoren (die nicht in die Formel eingehen) sehr großes Gewicht haben: wahrscheinlicher durchschnittlicher Verkaufspreis, Kosten für die Errichtung des Betriebes, Schwierigkeiten technischer Art u. a.

BERRY hebt hervor, daß der Wert der Lagerstättenvorräte in hohem Maße von der vorhandenen Betriebskapazität abhängt. „Nachdem ein bestimmter Punkt erreicht ist, bedeuten zusätzliche Erzvorräte wenig oder praktisch nichts im Hinblick auf den Gegenwartswert, wenn die Betriebskapazität nicht vergrößert werden kann." Er bezeichnet Vorratsmengen, die dem Betrieb eine Lebensdauer von etwa 30 Jahren sichern, als Grenze, jenseits der sich der Gegenwartswert einer Grube nur dann erhöht, wenn gleichzeitig die Kapazität der Anlage erweitert wird.

Aus der HOSKOLD-Formel folgt, daß bei gegebener Größe der Lagerstättenvorräte und bei konstantem Gewinn pro Tonne Förderung der Gegenwartswert der Grube mit der Betriebskapazität wächst, seinen größten Wert bei der kürzesten Lebensdauer der Grube erreicht. BERRY hat dies für verschieden große Lagerstätten und unterschiedliche Betriebskapazität bei Anwendung der HOSKOLD-Formel berechnet. Wenn z. B. ein Erzvorrat von 208 Millionen Tonnen angenommen wird, der je Tonne 2 Dollar Profit einbringt, ist der Gesamtgewinn beim Abbau der vorhandenen Vorräte 416 Millionen Dollar. In Abhängigkeit von der Betriebskapazität verteilen sich jedoch verschieden große Jahresgewinne über unterschiedlich große Zeitspannen. Hieraus errechnen sich verschieden große Gegenwartswerte:

[2]) Die kritische Analyse der amerikanischen montanökonomischen Anschauungen muß einer späteren Arbeit vorbehalten bleiben. Dort wird auch die HOSKOLD-Formel (erstmals 1877 veröffentlicht) die ihr gebührende Beachtung finden.

Gesamtprofit 416 Millionen Dollar—Gewinn je Tonne 2 Dollar

Betriebskapazität tato	Lebensdauer Jahre	Jahresprofit Dollar	Gegenwartswert Dollar	% d. Gegenwartswertes vom Gesamtprofit
10000	60	7000000	84400000	20,3
20000	30	14000000	146800000	35,3
30000	15	28000000	221600000	52,3

Selbst im „günstigsten“ Falle, d. h. bei einer kurzen Lebensdauer des Betriebes von nur 15 Jahren, macht der Gegenwartswert lediglich 52,3% des erwarteten Gesamtgewinnes aus. Nach dieser Berechnungsmethode ist bei gleicher Betriebskapazität und entsprechenden gleichen Jahresgewinnen des Betriebes eine Grube mit Gesamtvorräten von 104 Millionen Tonnen (d. h. einer Lebensdauer von 30 Jahren bei 10000 tato) fast genauso „wertvoll“ wie eine Grube mit doppelt so großen Vorräten und einer entsprechenden Lebensdauer von 60 Jahren (die errechneten Gegenwartswerte betragen 73400000 und 84400000 Dollar!), obwohl sich die erwarteten Gesamtprofite beim Abbau der Lagerstätten um 208 Millionen Dollar unterscheiden.

Die nach der HOSKOLD-Formel durchgerechneten Beispiele führen BERRY zu folgender — aus den Zahlen richtig abgeleiteten — Schlußfolgerung:

„Ganz gleich, wie sehr die Erzreserven vergrößert wurden, der Jahresprofiit wird der gleiche bleiben, wenn die Anlagen nicht ebenfalls erweitert werden. Ohne Zuwachs der Erzreserven wird der Jahresprofit bei Vergrößerung der Betriebskapazität mehr als proportionell wachsen — mehr als proportionell deshalb, weil die Kosten bei größerer Förderung gewöhnlich sinken.“

Nach dieser Schlußfolgerung ist es nur zu verständlich, wenn sich BERRY bei nicht erweiterungsfähiger Kapazität einer Betriebsanlage mit großer Entschiedenheit gegen die Einbeziehung von armen Erzen in den Abbau wendet. Mehr noch. Wenn sich auf einer Lagerstätte die vorhandenen Vorräte räumlich in arme und reiche Erze abgrenzen lassen, befürwortet er den Abbau in zwei oder mehr Etappen, wobei in der ersten selektiv die besseren Erzsorten zu gewinnen sind, selbst „bei beträchtlich höheren Gewinnungskosten“.

BERRY begründet seinen Standpunkt wiederum mit einem Zahlenbeispiel, das sich auf die Anwendung der HOSKOLD-Formel stützt. In diesem Beispiel werden 300 Millionen Tonnen Gesamtvorräte und 2,50 Dollar Gewinn je Tonne angenommen. 200 Millionen einer besseren Erzsorte im Hangenden geben je Tonne 3 Dollar, die restlichen 100 Millionen Tonnen ärmerer Erze dagegen nur 1,50 Dollar. Bei einer Kapazität von 10000 und 15000 tato berechnet BERRY, daß im ersten und zweiten Falle der jährliche Profit und der Gegenwartswert der Grube beim selektiven Abbau bedeutend über jenen Werten liegen, die für die Gesamtvorräte berechnet werden.

Die entsprechenden Daten der Berechnung:

	Tonnen	Profit je Tonne	Gesamtprofit	Lebensdauer	Jahresprofit	Gegenwartswert
	Bei 10000 tato Kapazität					
Reicherz	200Mio	3 Doll.	600 Mio	57	10500000	126 Mio
Gesamterz	300 „	2,50 „	750 „	86	8750000	107,9 „
	Bei 15000 tato Kapazität					
Reicherz	200 „	3 Doll.	600 Mio	38	15750000	176,5 „
Gesamterz	300 „	2,50 „	750 „	57	13125000	157,5 „

Aus diesen Zahlen muß nach BERRY geschlußfolgert werden, daß es „bei einer begrenzten Kapazität viel besser sein würde, nur die hochhaltigen Erze abzubauen und die niedrighaltigen völlig zu vernachlässigen, selbst wenn das bedeuten sollte, daß die ärmeren Partien auch zu irgendeinem späteren Zeitpunkt nicht mehr gewonnen werden könnten.“ Obwohl die Gültigkeit der HOSKOLD-Formel in Amerika bis heute nicht angezweifelt wird, findet dieser Vorschlag auch in Amerika keine ungeteilte Zustimmung, ungeachtet der Tatsache, daß er den eigensüchtigen Interessen der Geldgeber sehr entgegenkommt. Der BERRYsche Beweis, „daß der Wert eines Besitzes durch die Einbeziehung niedrighaltiger, jedoch gewinnbringender Erze in die Lagerstättenvorräte, um solche Armerze gleichzeitig und gemischt mit hochwertigen Erzen abzubauen, sogar sinken kann“, ist ein sehr charakteristisches Ergebnis der montanökonomischen Wissenschaft unter kapitalistischen Produktionsverhältnissen.

Beachtenswert ist noch die Feststellung BERRYs, daß die nach der HOSKOLD-Formel berechneten Verluste infolge langwieriger Aufbauarbeiten einer neu zu errichtenden Anlage so bedeutend sind, daß nach seiner Meinung „selbst mehrere Millionen Dollar zusätzliche Ausgaben für den Betrieb gerechtfertigt sein können“, wenn hierdurch die Komplettierung des Betriebes beschleunigt wird.

b) „Maximale Gesamtgewinnung durch Verschneidung hochwertiger mit armen Erzen ist ökonomisch richtig“

Unter diesem Titel veröffentlichte D. CARLISLE (1953) eine umfangreiche theoretische Untersuchung, in der er u. a. auch den Quellen nachspürt, die in der amerikanischen Bergwirtschaft zum selektiven Abbau der reichen Partien führten. Er stieß dabei nicht nur auf die Geldgeber, die möglichst rasch ihre Investitionen plus Maximalprofit erstattet haben möchten, sondern auch auf Theoretiker wie BERRY u. a. CARLISLE setzt sich besonders mit einem Aufsatz von W. O. HOTCHKISS & R. D. PARKS „Total Profits versus Present Value in Mining“ auseinander. In dieser Arbeit, die 14 Jahre nach BERRYs Veröffentlichung erschien, wird nach dem gleichen Prinzip wie bei BERRY auf der Grundlage der HOSKOLD-Formel ein analoges Beispiel durchgerechnet. Das Ergebnis und die Schlußfolgerungen sind die gleichen wie bei BERRY. Die Autoren empfehlen, zunächst die reichen und erst später die ärmeren Erze abzubauen. Denn „die beste Betriebsführung ist jene, welche den größten Profit in kürzester Zeit einbringt“. CARLISLE ist Amerikaner, erkennt die Gültigkeit der HOSKOLD-Formel an und hat daher auch keine Einwendungen gegen die gebrachten Beispiele. Das Ergebnis der Berechnung ist nach seiner Meinung nicht anfechtbar. Seine Einwendungen bewegen sich auf anderer Ebene, wobei allein schon die Tatsache, daß Einwendungen gegen die üblichen Schlußfolgerungen gemacht werden, recht symptomatisch ist und offensichtlich anzeigt, daß das wissenschaftliche Gewissen CARLISLEs mit der kapitalistischen Praxis der Nutzung der Bodenschätze kollidiert. Neben einigen beiläufigen kritischen Einwänden (wenn die Reicherze in Form spitzauskeilender Partien im Armerz enden, können beträchtliche Verluste auftreten; wenn die Kapazität entsprechend erhöht wird, verschwinden die angeblichen Vorteile des selektiven Abbaus usw.) ist sein Hauptargument, daß es nicht vorteilhaft sei, eine gute vorhandene Lagerstätte schnell abzubauen und dann zu verlassen, weil neue gleichgute nur schwer und bei hohen Kosten (und entsprechendem Risiko) aufgefunden werden könnten. CARLISLE unterstützt dieses Argument mit recht interessantem Tatsachenmaterial, das jedoch zur Theorie des Problems keine Beziehungen hat.[3])

Wenn die Erkundung einer Lagerstätte heute so kostspielig geworden ist, so sollte — argumentiert CARLISLE — auch der durch den Abbau dieser Lagerstätte erzielte Gewinn so hoch wie möglich sein. „Wenn sie zu schnell abgebaut wird, baut man sich selbst aus einer guten Sache heraus..." Im Gegensatz zu BERRY und anderen amerikanischen Autoren setzt sich CARLISLE daher dafür ein, daß die Grube so lange wie möglich fördert. Das ist vor allem dann möglich, wenn der Abbau des gesamten Lagerstättenvorrates bei der Betriebsplanung und -organisation vorgesehen wird. Dazu ist die Verschneidung hochwertiger Erze mit „marginal" (an der Grenze der Bauwürdigkeit liegenden) und selbst „submarginal" (unbauwürdigen) Erzen notwendig.

CARLISLE teilt mit, daß diese auf eine vollständige Gewinnung der vorhandenen Vorräte gerichteten Gesichtspunkte bei mehreren Bergwerksgesellschaften bereits dazu geführt haben, daß die Durchschnittsgehalte gesenkt wurden, z. T. selbst auf Kosten eines in den nächsten Jahren durch den Abbau anstehender größerer Reicherzpartien erzielbaren höheren Jahresprofites.

Neben der allgemeinen Befürwortung der Einbeziehung ärmerer Erze in den Abbau ist es jedoch wichtig, jene Grenze zu bestimmen, bei der der Aufwand den Nutzeffekt übersteigt, d. h. nach amerikanischem Sprachgebrauch den „limiting grade" — den Grenzgehalt — zu bestimmen. Da der ökonomische Nutzeffekt im Kapitalismus durch den Profit — also ein Einzelkriterium — bestimmt wird, sind auch die in der amerikanischen Literatur vorgeschlagenen Methoden auf dieses Einzelkriterium ausgerichtet. Obwohl für uns eine solche Beschränkung unerlaubt ist, bietet die vorgeschlagene Berechnungsmethode eine Reihe wertvoller Anknüpfungspunkte auch für uns; sie weist u. a. einen Weg für eine exaktere Kostenberechnung beim Abbau polymetallischer Lagerstätten bzw. exaktere Berechnung der Gestehungskosten jeder einzelnen oder der wichtigsten Komponenten.

4. Bestimmung des Grenzgehaltes in polymetallischen Lagerstätten

D. L. MASSON veröffentlichte 1954 eine instruktive Arbeit zu dieser Frage unter dem Titel: „Wie ist die Grenze zwischen Erz und Taubem zu ziehen?" Sein Beispiel bezieht sich auf eine Blei-Zink-Grube. Grundsätzlich bieten sich jedoch auch Möglichkeiten der Übertragung dieser Methode auf andere mono- und polymetallische Lagerstätten an.

Zur Berechnung des Grenzgehaltes werden folgende Daten benötigt: Metallgehalte, Metallpreise, metallurgische Angaben und andere Kosten. Der Berechnungsgang erfolgt in mehreren Stufen:

a) zunächst wird der durchschnittliche Metallinhalt einer Einheit (Tonne) und das Metallverhältnis für die Haupt- und Nebenkomponenten berechnet;

b) dann werden die Gesamtkosten der bergmännischen Gewinnung, der Aufbereitung und Verhüttung einer Tonne Erz bestimmt;

c) der Quotient aus Produktionskosten und gewinnbarem Metallwert aus 1% des Hauptmetalles und der entsprechenden Mengen der Nebenkomponenten gibt den Grenzgehalt der Einheit ausgedrückt in Hauptmetall an.

Die von MASSON vorgeschlagene Methode sei ausführlicher an einem Beispiel erläutert, da die meisten unserer Betriebe bei der Festlegung der vorläufigen Konditionen methodisch hinter diesem amerikanischen Vorschlag zurückbleiben.

a) Das Metallverhältnis der Hauptkomponente zu den Nebenkomponenten kann in der Grube wechseln. Es muß dann für jeden einzelnen Block oder eine Gruppe ähnlicher Blöcke festgestellt werden. Die Gesamtrechnung muß für jeden dieser Blöcke oder Gruppen gesondert durchgeführt werden. Manchmal lassen sich auf Grund sehr gleichbleibender Verhältnisse diese Daten für die ganze Grube oder die ganze Lagerstätte berechnen.

In unserem Beispiel seien durch die Analysen folgende Gehalte in 1 Tonne Erz festgestellt worden: 4,5% Blei, 2,4% Zink, 1,1 Unzen Silber, 0,04 Unzen Gold.

Auf 1% Blei bezogen erhalten wir: 1% Blei, 0,53% Zink, 0,245 Unzen Silber, 0,01 Unzen Gold.

Abgerundet: 1% Blei, 0,5% Zink, 0,25 Unzen Silber, 0,01 Unzen Gold.

(Wenn die Gehaltsumrechnung — z. B. durch Mammutgehalte — erschwert wird, kann nach MASSON auf Dollar-Basis übergegangen werden. Dann wird der Dollarwert jeder einzelnen Analyse berechnet. Jeder Wechsel in den Metallpreisen führt damit natürlich zu einer Wiederholung der Berechnung.)

b) Den nächsten Schritt nennt MASSON „Die Anwendung der metallurgischen Daten...". Es müssen das Ausbringen der Aufbereitungsanlage, der Metallgehalt im Konzentrat und das Konzentrationsverhältnis bestimmt werden.

Wenn nennenswerte Unterschiede in den Ergebnissen bei der metallurgischen Verarbeitung des Erzes aus verschiedenen Revieren der Grube zu beobachten sind, ist eine gesonderte Berechnung für solche Reviere notwendig. Zur Festlegung des Grenzgehaltes können zwar die Ergebnisse von Laboruntersuchungen herangezogen werden, zuverlässiger sind jedoch monatliche oder jährliche Betriebsberichte.

Für das oben angeführte Beispiel nimmt MASSON folgendes Ausbringen der Metalle an:

Blei	93,9%
Zink	88,7%
Silber	80,3%
Gold	73,3%

[3]) Einige angeführte Tatsachen seien lediglich zur Belebung der bei uns z. Z. geführten Aussprache mitgeteilt:

a) Die Kosten für das Aufsuchen und die Erkundung von Lagerstätten sind in den letzten 10 Jahren (d. h. zwischen 1943 und 1953) in geometrischer Progression angestiegen.

b) Nur etwa 10% aller Gruben arbeiten mit Erfolg; nur etwa 1% aller geologischen Funde wurde durch Errichtung von Betrieben genutzt.

c) In Kanada wurden 1907—1944 auf Grund von Mineralfunden 4956 Gesellschaften gegründet. Ende 1944 wurden davon nur 48 als „ökonomisch erfolgreich" bezeichnet; davon waren 27 Goldbergwerke.

d) Von 68 Goldbergwerks-Gesellschaften, die zwischen 1900 und 1945 Betriebsgewinn versteuert hatten, lieferten die zwischen 1900 und 1910 entdeckten Lagerstätten 56% der Gesamtproduktion. 29% wurden von den zwischen 1911 und 1915 entdeckten Lagerstätten produziert. Keine der 68 Lagerstätten ist zwischen 1936 und 1945 entdeckt worden.

e) Von 1093 Erzbergwerks-Gesellschaften, die in der Provinz Quebec von 1907 bis 1941 registriert worden sind, werden von der Western Quebec Mining Association nur 9 oder 0,82% als „ökonomisch erfolgreich" bezeichnet.

Es werden zwei Konzentrate hergestellt:

Konzentrat	Metallinhalte			
	% Blei	% Zink	Unzen Silber	Unzen Gold
Bleikonzentrat	70,2	4,5	13,1	0,45
Zinkkonzentrat	3,7	55,2	3,5	0,09

Das Konzentrationsverhältnis wird mit 17,11:1 für das Bleikonzentrat und 29,60:1 für das Zinkkonzentrat angegeben.

c) Nun werden die z. Z. gültigen Metallpreise herangezogen, um den Wert des gewonnenen Produktes ermitteln zu können. Kleinere Schwankungen der Metallpreise haben nach MASSON für die Berechnung keine Bedeutung. Allerdings gesteht er, daß es meist schwierig ist, zu entscheiden, welche Schwankungen noch als „klein" betrachtet werden können. Als Faustregel schlägt er vor, Neuberechnungen dann vorzunehmen, wenn die Preisschwankung im Wert des geförderten Erzes 25 Cent übersteigt.

MASSON geht in seinem Beispiel von folgenden Metallpreisen aus:

Blei	— 0,14 Dollar für ein amerik. Pfund
Zink	— 0,13 Dollar für ein amerik. Pfund
Silber	— 0,905 Dollar für eine Unze
Gold	— 35 Dollar für eine Unze

Welchen Wert hat ein Prozent Bleiinhalt plus entsprechenden Inhalten der Nebenkomponenten, wenn die Metallpreise dem Wert gleichgesetzt werden?

Wir gehen von den abgerundeten Ziffern unter (a) aus, die sich auf short tons beziehen. Eine short ton hat bekanntlich 2000 amerikanische Pfund. 1% der short ton sind also 20 Pfund (Blei), $^1/_2$% — 10 Pfund (Zink).

Der Wert des Bleis beträgt somit:
20 · 0,14 Dollar (Bleipreis) · 0,939 (Ausbringen)
= 2,63 Dollar

Der Wert des Zinks:
10 · 0,13 Dollar (Zinkpreis) · 0,887 (Ausbringen)
= 1,15 Dollar

Der Wert des Silbers:
0,25 (Unzen) · 0,905 (Silberpreis) · 0,803 (Ausbringen)
= 0,18 Dollar

Der Wert des Goldes:
0,01 · 35 Dollar (Goldpreis) · 0,733 (Ausbringen)
= 0,26 Dollar

Der Gesamtwert eines Prozents Blei und der im Verhältnis anfallenden Nebenkomponenten beträgt somit:

$$2{,}63 + 1{,}15 + 0{,}18 + 0{,}26 = 4{,}22 \text{ Dollar.}$$

d) Es müssen die Kosten für Abbau, Aufbereitung und Verwaltung ebenso wie der beim Verkauf des Konzentrates erwartete Gewinn bestimmt werden. Wenn auf einer Grube verschiedene Abbauverfahren angewendet werden, entstehen gewöhnlich auch verschiedene Abbaukosten. In solchen Fällen ist die Berechnung für jedes Verfahren gesondert durchzuführen.

MASSON nimmt in seinem Beispiel folgende Werte an:

Förderung (Abbau einschl. Förderung zu Tage)	6,34 Dollar
Aufbereitung	2,04 Dollar
Anteilige indirekte Kosten (Verwaltung, Steuern außer Einkommensteuer u. a.)	1,41 Dollar

Die „Verkaufskosten", die hier nach Mitteilung des Verfassers noch hinzuzufügen sind, umfassen „alle Kosten des Verkaufs beider Konzentrate". Wie aus der weiteren Darlegung MASSONs hervorgeht, versteht er jedoch unter „Verkaufskosten" nicht die echten Kosten, d. h. Unkosten des Verkaufs, sondern die Differenz zwischen berechnetem Gesamtwert der Tonne Konzentrat und den auftretenden Verhüttungskosten (einschließlich aller Kosten für Bemusterung, Transport, Versicherung, Strafen und Gewinn der Hütte usw.) einer Tonne Konzentrat. Es handelt sich somit im Grunde um den Gewinn bei Verkauf oder Abgabe einer Tonne Konzentrat an die Hütte.

Bei dem von MASSON gegebenen Beispiel beträgt der nach den Metallpreisen berechnete Gesamtwert einer Tonne Bleikonzentrat:

70,2 · 20 · 0,14 Dollar	= 196,56	Dollar für das Blei
4,5 · 20 · 0,13 „	= 11,70	„ „ „ Zink
13,1 · 0,905 „	= 11,85	„ „ „ Silber
0,45 · 35 „	= 15,75	„ „ „ Gold
Gesamtwert:	= 235,86	Dollar

Der Wert einer Tonne Zinkkonzentrat beträgt:

55,2 · 20 · 0,13 Dollar	= 143,52	Dollar für das Zink
3,7 · 20 · 0,14 „	= 10,36	„ „ „ Blei
3,5 · 0,905 „	= 3,17	„ „ „ Silber
0,09 · 35 „	= 3,15	„ „ „ Gold
Gesamtwert:	160,20	Dollar

Die Verhüttungskosten einschließlich der vorher genannten Kosten betragen:

für eine Tonne Bleikonzentrat	168,26 Dollar
für eine Tonne Zinkkonzentrat	83,30 „

Hieraus errechnen sich die von MASSON als „Verkaufskosten" bezeichneten Differenzen:

235,86 — 168,26 = 67,60 Dollar für das Bleikonzentrat
160,20 — 83,30 = 76,90 Dollar für das Zinkkonzentrat

Dieser Überschuß aus dem Konzentrat muß nunmehr auf die Tonne Fördererz umgerechnet werden. Dazu zieht MASSON das Konzentrationsverhältnis heran (s. oben unter b):

67,60:17,11 (Konzentrationsverhältnis)
= 3,95 Dollar für Blei
76,90:29,60 = 2,60 Dollar für Zink

Wenn diese Beträge (3,95 plus 2,60 = 6,55 Dollar) als ausreichender und notwendiger Gewinn für den Abbau einer Tonne Erz angesehen werden, können die Gestehungskosten (einschl. Gewinn) einer Tonne Fördererz bestimmt werden:

Förderkosten	6,34 Dollar
Anteilige indirekte Kosten	1,41 „
Aufbereitungskosten	2,04 „
Verkaufsgewinn	6,55 „
	16,34 Dollar je Tonne

b) Die Bestimmung des Grenzgehaltes im Erz ist nunmehr einfach. Wenn 1% Blei und entsprechende Gehalte der Nebenkomponenten einen Wert von 4,22 Dollar haben, muß der unverdünnte industrielle Minimalgehalt 16,34:4,22 = 3,87% Blei und entsprechende proportionale Gehalte der Nebenkomponenten sein. Selbstverständlich muß die übliche bergmännische Verdünnung noch berücksichtigt werden. MASSON schätzt sie auf 5—25%. Er berechnet sie folgendermaßen:

Förderungs- und Aufbereitungskosten betragen 9,79 Dollar, d. s. 60% der Gesamtkosten. Wenn die Verdünnung 10% ausmacht, darf sie nur auf diesen Anteil der Kosten berechnet werden. Sie ist also nur mit 6% zu berücksichtigen. Der Durchschnittsgehalt muß sich dann auf

$$3{,}87 \cdot 1{,}06 = 4{,}1\%$$

erhöhen. (Bei dieser Berechnungsmethode muß eine Umrechnung der Gehalte bezogen auf Gangmächtigkeit dann erfolgen, wenn die Abbaubreite die Mächtigkeit des Ganges übersteigt.)

5. Schlußbemerkung

MASSONs Aufsatz wurde deshalb hier so eingehend referiert, weil die von ihm vorgeschlagene Methode vielen bei uns durchgeführten Rentabilitätsberechnungen überlegen ist. Ihr Mangel ist, daß sie — für amerikanische Verhältnisse durchaus verständlich — über Metallpreise vom Einzelkriterium des Profites ausgeht. Bei veränderten Metallpreisen muß die ganze Berechnung wiederholt werden.

Der ökonomische Nutzeffekt ist bei sozialistischen Produktionsverhältnissen — wie früher dargelegt wurde (STAMMBERGER 1957, 1959) — eine Größe, die durch zahlreiche Faktoren bestimmt wird. DasEinzelkriterium der Selbstkosten oder des Betriebsgewinnes ist für uns nicht ausreichend. Die Höhe der Selbstkosten ist jedoch stets eine Kennziffer, die bei allen Entscheidungen eine äußerst wichtige Rolle spielt. In dieser Hinsicht dürften auch die referierten amerikanischen Arbeiten eine Reihe nützlicher Anregungen für unsere Betriebswirtschaftler in der Bergindustrie geben. Sie befreien den Verfasser außerdem — bei der in einer späteren Fortsetzung dieser Arbeit für die DDR vorgeschlagenen Methode der Festlegung der Konditionen — von der Pflicht, auf veraltete Einwände einzugehen und sie zu widerlegen. Diese kurze Information über ältere und neuere Anschauungen einiger amerikanischer Geologen und Bergwirtschaftler muß notwendigerweise ergänzt werden durch eine analoge Information über die entsprechenden sowjetischen Arbeiten. Sie haben für uns um so größere Bedeutung, als sie von gleichen Produktionsverhältnissen ausgehen. Diese Information wird Inhalt der nächsten Fortsetzung dieses Themas sein.

Zusammenfassung

Es wird gezeigt, daß Profit und Selbstkosten keine ausreichenden Kriterien zur Ermittlung der Bauwürdigkeitsgrenzwerte darstellen. Die Höhe der Selbstkosten ist jedoch eine wichtige Kennziffer, die bei allen ökonomischen Entscheidungen eine bedeutende Rolle spielt. An Hand eines detailliert referierten Beispiels von MASSON wird die Bestimmung des Grenzgehaltes in polymetallischen Lagerstätten dargelegt, die zwar auch Mängel aufweist, aber vielen in der Deutschen Demokratischen Republik durchgeführten Rentabilitätsberechnungen überlegen ist.

Резюме

Излагается, что прибыль и себестоимость не являются достаточными критериями для установления предельных величин промышленного значения месторождения. Однако, высота себестоимости является важным показателем, играющим значительную роль во всех экономических решениях. На основании детально обсужденного примера МАССОНА излагается определение предельного содержания в полиметаллических месторождениях, которое, хотя имеет недостатки, превосходит многие в Германской Демократической Республике проведенные вычисления рентабельности.

Summary

Profit and prime costs are shown to be insufficient criteria for the determination of workability limiting values. The amount of prime costs, however, is an important index and has an essential effect on all economic decisions. An example reported in detail by MASSON is quoted to show the determination of the limiting content in polymetallic deposits. In spite of insufficiencies existing also in this method, it is superior to many rentability calculations carried out in the German Democratic Republic.

Literatur

BAXTER, C. H. & R. D. PARKS: Examination and Valuation of Mineral Property. — 4. Aufl. 1957, Massachusetts.
BERRY, E. S.: Present Value in Its Relation to Ore Reserves, Plant Capacity, and Grade of Ore. — Mining and Metallurgy, Nr. 187 (1922).
CARLISLE, D.: Maximum Total Recovery Through Mining High-Grade and Low-Grade Ore Together is Economically Sound. Canadian Mining and Metallurgical Bulletin, 1953, Januarheft.
HOSKOLD, H. D.: Engineer's Valuing Assistant, 2. Aufl., London 1905.
HOTCHKISS, W. O. & R. D. PARKS: Total Profits versus Present Value in Mining. A. I. M. E. TP 708-A, 1936.
LAWFORD, E. G.: How Much of the Vein is Ore? Engineering and Mining Journal, 1928, Heft vom 14. Januar.
MASSON, D. L.: How to Draw the Line Between Ore and Waste. — Engineering and Mining Journal, 1954, Maiheft.
WARNER, R. K.: How Much of the Vein is Ore? Engineering and Mining Journal, 1928, Heft vom 4. Februar.
STAMMBERGER, F.: Zum Problem der Bauwürdigkeit. — Z. angew. Geologie 1957, Heft 2/3.
— Zur Festlegung der Konditionen für mineralische Rohstoffe. Z. angew. Geol. 1959, Heft 10.

Über Mängel der Wägungsmethode bei der Bestimmung von mittleren Gehalten[1)]

L. F. SALATA, Moskau

In der Praxis der Vorratsberechnung ist bis heute zur Bestimmung der mittleren Gehalte der einzelnen Komponenten die Methode der Wägung weit verbreitet, bei der die Gehalte der Einzelproben mit den ihnen entsprechenden Längen, Mächtigkeiten, Flächen oder Volumina gewogen werden.

Wenn auch die Methode der Wägung über die einzelnen Teillängen bei einer Sektionsprobenahme zur Ermittlung des mittleren Gehaltes über eine Linie (Ort, Abbau oder Bohrloch) richtig ist, weil jede Probe einen Mächtigkeitsabschnitt des Erzkörpers repräsentiert, so ist doch die Wägung über die Fläche in einigen Fällen fehlerhaft. Die Fehlerhaftigkeit der Wägung über die Mächtigkeit und den Einflußbereich der Einzelproben wurde für Lagerstätten, in denen die Vererzung nicht gesetzmäßig verteilt ist, von N. W. WOLODOMONOW (1944) bewiesen.

[1)] Aus „Raswedka i Ochrana Nedr", 1959, Heft 4; Übersetzer: Dr. BINTIG.

Auf der Grundlage der Schlußfolgerungen von N. W. WOLODOMONOW wurden in der letzten Zeit die Handbücher für die Methodik und die Lehrbücher für die Probenahme und Vorratsberechnung entsprechend überarbeitet. Trotzdem wird für Lagerstätten mit gesetzmäßiger Verteilung der Vererzung immer noch die Bestimmung der mittleren Gehalte über eine Wägung empfohlen. Diese Fälle werden in einem Aufsatz von N. W. WOLODOMONOW (1944) und in einer Arbeit von W. I. SMIRNOW (1957) behandelt, der eine Wägung der Teilgehalte mit der Mächtigkeit in folgenden Fällen empfiehlt:

1. bei einer Sektionsprobenahme;
2. beim Vorhandensein einer positiven oder negativen Korrelation zwischen der Mächtigkeit des Erzkörpers und dem Metallgehalt;
3. bei der Bestimmung des mittleren Gehaltes an Hand einer begrenzten Anzahl von Teilgehalten.

Die Notwendigkeit einer Lösung der vorliegenden Frage ist einerseits durch den hohen Arbeitsaufwand, den die Wägungsmethode erfordert, und andererseits durch das Fehlen überzeugender Beweise, daß eine Wägung genauere Ergebnisse im Vergleich zur einfachen arithmetischen Mittelwertsbildung liefert, bedingt. In diesem Zusammenhang muß an die Arbeit von L. I. PANKUL & A. S. SOLOTAREW (1935) erinnert werden, die im Jahre 1935 im Gornij Journal veröffentlicht wurde. Indem die Verfasser vom Prinzip der Gleichmäßigkeit der Gehaltsveränderung von einem Abbau zum anderen (innerhalb einer bestimmten Fläche) und von einem Profil zum anderen (innerhalb der Blockumgrenzungen) ausgingen, wurden von ihnen einfache und genaue Formeln zur Bestimmung der Mittelwerte ausgearbeitet. Den Schlußfolgerungen, die in der genannten Arbeit getroffen werden, liegt die Vorstellung zugrunde, daß sich die Gehalte kontinuierlich und gleichmäßig verändern, d. h. ein Fall, der für Lagerstätten mit gesetzmäßiger Verteilung der Vererzung charakteristisch ist.

Es soll hier nicht auf alle von L. I. PANKUL & A. S. SOLOTAREW untersuchten Fälle, sondern nur auf die in der Praxis am häufigsten anzutreffenden eingegangen werden.

1. Entsprechend der Arbeit von L. I. PANKUL & A. S. SOLOTAREW ergibt sich der mittlere Gehalt C fur eine Trapezfläche, die von zwei parallel gelegenen Abbauen, Bohrungen oder Proben begrenzt wird, zu

$$C = \frac{2}{3} \cdot \frac{c_1 + c_2}{2} + \frac{1}{3} \frac{c_1 m_1 + c_2 m_2}{m_1 + m_2} \quad (1)$$

wo

c_1, c_2 — mittlerer Gehalt je geprobter Seite;
m_1, m_2 — Mächtigkeit des Erzkörpers je geprobter Seite.

Der mittlere Gehalt für eine Trapezfläche ist gleich der Summe von zwei Dritteln des arithmetischen und einem Drittel des gewogenen Mittels aus den Gehaltswerten für die geprobten parallelen Seiten.

Der mittlere Gehalt für die Fläche eines beliebigen Vierecks bestimmt sich aus

$$C = \frac{2}{3} \frac{c_1 + c_2}{2} + \frac{1}{3} \frac{c_1 s_1 + c_2 s_2}{s_1 + s_2} \quad (2)$$

wo

s_1, s_2 — mittlere Flächen der das Viereck bildenden Dreiecke, deren Grundlinien die geprobten Seiten bilden.

2. Die Bestimmung des mittleren Gehaltes für ein Volumen hat am häufigsten für die Gestalt eines Prismoids zu erfolgen, für das sich der mittlere Gehalt bestimmt aus

$$C = \frac{2}{3} \frac{c_1 + c_2}{2} + \frac{1}{3} \frac{c_1 s_1 + c_2 s_2}{s_1 + s_2} \quad (3)$$

wo

c_1, c_2 — mittlere Gehalte der Grundflächen des Prismoids;
s_1, s_2 — Grundflächen.

Der mittlere Gehalt für das Volumen eines Prismoids ist gleich der Summe von zwei Dritteln des arithmetischen und einem Drittel des gewogenen Mittels aus den Gehaltswerten seiner Grundflächen.

Wie aus den angeführten Formeln ersichtlich ist, überwiegt im mittleren Gehalt immer das arithmetische Mittel, welches in das Endresultat mit nicht weniger als zwei Dritteln seines Wertes eingeht. Folglich liegt das einfache arithmetische Mittel immer bedeutend näher zum wahren Gehalt als das gewogene Mittel.

Von allen bekannten Methoden der Vorratsberechnung fester Bodenschätze sind nach Angabe von A. P. PROKOFJEW (1953) am weitesten die Methode der Schnitte (vertikale und horizontale) und die Methode der Abbaublöcke verbreitet.

Im ersten und im zweiten Berechnungsverfahren treten oft Fälle auf, wo die Bestimmung der mittleren Gehalte für die begrenzenden Schnitte nur an Hand von zwei festen Linien (Abbauen) und die Bestimmung des mittleren Blockgehaltes über eine Wägung der Werte für die begrenzenden Schnitte erfolgt. Dieses Verfahren ist eine Folge der weit verbreiteten Meinung, daß eine Wägung in allen Fällen genauere Resultate als das einfache arithmetische Mittel liefert. Es ergibt sich die Frage, ob dieses Verfahren gerechtfertigt ist und welche Abweichungen (Fehler) sich zwischen den Gehaltsmittelwerten nach den angeführten beiden Methoden ergeben.

Diese Frage soll an dem konkreten Beispiel der Eisenerzlagerstätten von Kriwoj Rog behandelt werden.

Für die Lagerstätten von Kriwoj Rog liegt eine unvollständige positive Korrelation zwischen den Eisengehalten und den Mächtigkeiten des Erzlagers vor. In allen neun in der Tabelle 1 angeführten Fällen hat der Korrelationskoeffizient „Gehalt — Mächtigkeit" positives Vorzeichen. Die stärkste korrelative Abhängigkeit tritt bei der Grube „Dsershinskij" auf, wo der Korrelationskoeffizient einen Wert von 0,5 erreicht. Die Existenz dieser Abhängigkeit ist durch genetische Besonderheiten der Bildung von Reicherzen im Becken von Kriwoj Rog bedingt.

In der Tabelle 2 sind die mittleren Eisengehalte für einige Lager des Beckens, die nach den verschiedenen Methoden berechnet wurden, gegenübergestellt. In

Tabelle 1

Name der Verwaltung, Schacht, Lager	Variationskoeffizient für den Fe-Gehalt %	Variationskoeffizient f. d. Mächtigkeit %	Korrelationskoeffizient r
Rosa Luxemburg, Neuer Schacht, 212 m-Sohle, Nord-Ost-Lager	8,4	50,9	0
Rosa Luxemburg, Neuer Schacht, 312 m-Sohle, Nord-Lager	6,1	44,5	0,06
Komintern, Schacht Komintern, 437 m-Sohle, Lager im Generalstreichen	2,0	16,4	0,09
Iljitsch, Schacht Nord-Waljawk, 93 m-Sohle, Hauptlager	8,5	67,9	0,11
XX. Parteitag, Zentralschacht, 200—270 m-Sohle, Nestlager 2	7,0	48,7	0,17
Frunse, Schacht Nr. 5, 280 m-Sohle, Martit-Magnetit-Lager	3,1	47,8	0,26
Iljitsch, GPU-Schacht, 197 m-Sohle, Hauptlager	7,5	80,3	0,34
XX. Parteitag, Zentralschacht, 200—270 m-Sohle, Lager Bohrung 92	7,4	52,7	0,38
Dsershinskij, 220 m-Sohle, für die gesamte Grube	3,4	47,8	0,50

Tabelle 2

Verwaltung und Lager	Mittlerer Fe-Gehalt in %			
	über die Mächtigkeit gewogenes Mittel	einfaches arithmetisches Mittel	Differenz zwischen einfachem arithmetischem und gewogenem Mittel	
			absolut	relativ
Rosa Luxemburg, Neuer Schacht, 212 m-Sohle, Nord-Ost-Lager	57,0	56,8	– 0,2	– 0,35
Rosa Luxemburg, Neuer Schacht, 312 m-Sohle, Nord-Lager	57,2	57,1	– 0,1	– 0,18
Komintern, Schacht Komintern, 437 m-Sohle, Hauptlager	66,0	65,9	– 0,1	– 0,15
Iljitsch, Schacht Nord-Waljawk, 93 m-Sohle, Hauptlager	58,0	57,7	– 0,3	– 0,52
Iljitsch, GPU-Schacht, 197m-Sohle, Hauptlager	59,7	58,3	– 1,4	– 2,33
Dsershinskij, 220 m-Sohle, für die gesamte Grube	56,5	56,1	– 0,4	– 0,71
Frunse, Schacht Nr. 5, 280m-Sohle, Martit-Magnetit-Lager	62,0	61,7	– 0,3	– 0,48

allen sieben Fällen ist der als das einfache arithmetische Mittel berechnete mittlere Gehalt kleiner als der über die Wägung mit der Mächtigkeit berechnete mittlere Gehalt, was eine positive Korrelation zwischen der Mächtigkeit der Erzkörper und ihren Eisengehalten beweist. Die absoluten Abweichungen erreichen einen Wert von 1,4%, was einer relativen Abweichung von 2,3% entspricht.

Zieht man die positive Korrelation in Betracht, so läßt sich der mittlere Eisengehalt nach den Formeln von L. I. PANKUL & A. S. SOLOTAREW (dieser so berechnete mittlere Gehalt wird im folgenden „wahrer Gehalt" genannt) und als einfaches arithmetisches und als gewogenes Mittel für die 220 m-Sohle der Grube „Dsershinskij" und für die 437 m-Sohle der Grube „Komintern" berechnen. Die Werte in der Tabelle 3 zeigen, daß für beide Gruben die mittlere quadratische Abweichung vom „wahren" Mittelwert für das einfache arithmetische Mittel zweimal kleiner ist als für den Wert aus der Wägung über die Mächtigkeiten.

In jedem einzelnen Fall haben die Abweichungen bei einer Gegenüberstellung der Mittelwerte für die einzelnen Blöcke entgegengesetzte Vorzeichen. Diese Tatsache erklärt sich aus der Tendenz der korrelativen Abhängigkeit. Im Fall einer positiven Korrelation zwischen dem Gehalt und der Mächtigkeit des Erzkörpers ist der mittlere Gehalt, der nach der Methode des einfachen arithmetischen Mittels bestimmt wird, immer kleiner als der tatsächliche wahre Gehalt, während der über die Wägung erhaltene Wert immer größer als dieser ist. Im Fall einer negativen Korrelation ist dagegen das arithmetische Mittel immer größer als der wahre Gehalt, während das gewogene Mittel immer kleiner sein wird. Insbesondere dadurch erklären sich auch die Abweichungen, die N. W. WOLODOMONOW anführt.

Aus Tabelle 3 folgt, daß der nach der Methode des einfachen arithmetischen Mittels bestimmte mittlere Gehalt näher am wahren Gehalt liegt als das gewogene Mittel. Die Frage, welcher Mittelwert mehr dem wahren Gehalt entspricht, ist eindeutig entschieden.

Aus einer Analyse der durchgeführten Berechnungen ergibt sich die Schlußfolgerung, daß nicht die absolute Größe des Korrelationskoeffizienten die Genauigkeit der Mittelwertsbestimmung beeinflußt, sondern die notwendige Anzahl von Werten (Proben, Abbauen), aus denen dieser Mittelwert bestimmt wird. Bei einem hohen Korrelationskoeffizienten können die Mittelwerte aus einer kleineren Anzahl von Werten berechnet werden; ein kleiner Korrelationskoeffizient erfordert eine größere Anzahl von Werten. Je höher der Korrelationskoeffizient, desto stärker werden die Abweichungen der einzelnen Blöcke die Gesamtabweichungen und die Tendenz der Mittelwerte für den ganzen Erzkörper bedingen. Und umgekehrt, je kleiner der Korrelationskoeffizient, desto größer wird die Anzahl von Blockmittelwerten mit entgegengesetztem Vorzeichen, die sich gegenseitig kompensieren. Besteht kein korrelativer Zusammenhang, so können das einfache arithmetische und das gewogene Mittel zusammenfallen. Letzteres ist deutlich aus der Tabelle 3 ersichtlich: Die Differenz zwischen dem einfachen und dem gewogenen Mittel beträgt für die Dsershinskij-Grube 0,4%, für den Schacht Komintern jedoch nur 0,1%; im ersten Fall hat der Korrelationskoeffizient einen Wert von 0,5, im zweiten Fall jedoch ist er kleiner als 0,1.

Die Behauptung jedoch, daß der einfache arithmetische Mittelwert dem wahren Wert besser entspricht als das gewogene Mittel, ist nur unter bestimmten Bedingungen gerechtfertigt, und zwar dann, wenn die Anzahl der Werte, mit denen die Berechnung durchgeführt wird, nicht größer als drei ist. Ist die Anzahl der Werte größer als drei, so wird bereits das gewogene Mittel näher am wahren Wert liegen. Dies folgt aus einer Fehleranalyse der beiden Berechnungsmethoden:

1. Für eine von zwei Abbauen begrenzte Trapezfläche ergibt sich bei Vorhandensein einer positiven Korrelation der mittlere Gehalt nach den verschiedenen Methoden wie folgt:

a) nach der Methode des einfachen arithmetischen Mittels zu

$$C_{ar} = \frac{c_1 + c_2}{2} \tag{4}$$

b) nach der Methode der Wägung über die Mächtigkeiten zu

$$C_{gew} = \frac{c_1 m_1 + c_2 m_2}{m_1 + m_2} \tag{5}$$

c) nach der Formel von L. I. PANKUL & A. S. SOLOTAREW zu

$$C_{wahr} = \frac{2}{3}\,\frac{c_1 + c_2}{2} + \frac{1}{3}\,\frac{c_1 m_1 + c_2 m_2}{m_1 + m_2} \tag{6}$$

Der Unterschied zwischen dem arithmetischen und dem wahren Mittelwert ist gleich der Differenz zwischen (6) und (4), also

$$\Delta_{ar} = \frac{1}{3}\left(\frac{c_1 m_1 + c_2 m_2}{m_1 + m_2} - \frac{c_1 + c_2}{2}\right)$$

und der Unterschied zwischen dem gewogenen und dem wahren Mittelwert gleich der Differenz zwischen (5) und (6), also

$$\Delta_{gew} = \frac{2}{3}\left(\frac{c_1 m_1 + c_2 m_2}{m_1 + m_2} - \frac{c_1 + c_2}{2}\right)$$

Tabelle 3

Verwaltung	Anzahl der Blöcke	Mittlerer Eisengehalt %			Mittlere quadratische Abweichung vom „wahren" Gehalt	
		wahrer	einf. arith.-meti-scher	über die Mächt. gewogener	des einfachen arith-meti-schen Mittels	des über die Mächt. gewogenen Mittels
Dsershinskij, 220 m-Sohle	24	56,2	56,1	56,5	0,093	0,185
Komintern, 437 m-Sohle	16	65,9	65,9	66,0	0,026	0,049

Der Fehler des arithmetischen Mittels ist zweimal kleiner als der des gewogenen Mittels.

2. Für eine von drei Abbauen begrenzte Trapezfläche, bei der der dritte Abbau parallel zu den beiden anderen verläuft und sich in gleicher Entfernung von beiden befindet, ergibt sich bei einer vollständigen korrelativen Abhängigkeit der mittlere Gehalt für den dritten Abbau zu

$$C_3 = \frac{c_1 + c_2}{2}$$

und die Mächtigkeit des Erzkörpers für dieses Profil zu

$$m_3 = \frac{m_1 + m_2}{2}$$

Daraus ergibt sich der mittlere arithmetische Gehalt für alle drei Abbaue zu

$$C_{ar} = \frac{c_1 + c_2 + \frac{c_1 + c_2}{2}}{3} = \frac{c_1 + c_2}{2} \qquad (7)$$

d. h. der gleiche wie oben. Für das über die Mächtigkeit gewogene Mittel ergibt sich

$$C_{gew} = \frac{c_1 m_1 + c_2 m_2 + \frac{c_1 + c_2}{2} \frac{m_1 + m_2}{2}}{m_1 + m_2 + \frac{m_1 + m_2}{2}} =$$

$$= \frac{1}{3} \frac{c_1 + c_2}{2} + \frac{2}{3} \frac{c_1 m_1 + c_2 m_2}{m_1 + m_2} \qquad (8)$$

Der Fehler des einfachen arithmetischen Mittels im gegebenen Fall ist der gleiche wie vorher, während der Fehler des gewogenen Mittels sich errechnet aus

$$\Delta_{gew} = \frac{1}{3}\left(\frac{c_1 m_1 + c_2 m_2}{m_1 + m_2} - \frac{c_1 + c_2}{2}\right)$$

Es zeigt sich, daß bei der Bestimmung des mittleren Gehaltes aus den Werten von drei Abbauen die Fehler des arithmetischen und des gewogenen Mittels im absoluten Zahlenwert einander gleich sind und nur entgegengesetzte Vorzeichen haben.

3. Für eine Trapezfläche mit vier Abbauen, die in gleichen Entfernungen voneinander liegen, ist der mittlere gewogene Gehalt gleich

$$C_{gew} = \frac{4}{9} \frac{c_1 + c_2}{2} + \frac{5}{9} \frac{c_1 m_1 + c_2 m_2}{m_1 + m_2} \qquad (9)$$

Der mittlere arithmetische Gehalt und sein Fehler sind die gleichen wie vorher. Der Fehler des gewogenen Mittels wird gleich

$$\Delta_{gew} = \frac{2}{9}\left(\frac{c_1 m_1 + c_2 m_2}{m_1 + m_2} - \frac{c_1 + c_2}{2}\right)$$

Wenn der Fehler des einfachen arithmetischen Mittels gleich einem Drittel der Differenz zwischen dem gewogenen und dem einfachen arithmetischen Mittel aus zwei randlich gelegenen Abbauen ist, so beträgt im gegebenen Fall der Fehler des gewogenen Mittels nur zwei Neuntel dieser Differenz, also um ein Drittel weniger als ihr absoluter Wert. Deshalb muß beim Vorhandensein von vier Abbauen (Werten) der mittlere Gehalt nach der Methode des gewogenen Mittels berechnet werden, weil in diesem Fall der Fehler hierbei kleiner als für das einfache arithmetische Mittel wird. Der Fehler wird um so geringer, je größer die Zahl der Werte ist, aus denen der Mittelwert bestimmt wird.

Die falsche Anwendung der Wägung bei der Bestimmung von mittleren Gehalten wird deutlich an folgenden konkreten Beispielen:

1. Beim Abbau von Blöcken im Becken von Kriwoj Rog war in einer Reihe von Fällen der Eisengehalt im Fördergut höher als der aus den Werten der geologischen Bemusterung ermittelte Gehalt. So wurde z. B. bei der Auffahrung des Blockes 102 des Schachtes Komintern auf der 307 m-Sohle der mittlere Eisengehalt im Anstehenden zu 62,48% bestimmt, während der tatsächliche Gehalt des Fördergutes 63,64% betrug. Im gleichen Schacht ergab sich beim Abbau des Blockes 83—85 auf der 367 m-Sohle ein tatsächlicher Eisengehalt von 64,55% gegenüber einem vorher berechneten von 63,31%. Die angeführten Differenzen wurden durch eine unvollständige Konturierung der Erzlager erklärt, ergaben sich jedoch als Folge der falschen Anwendung der Wägung bei Vorhandensein einer örtlichen negativen Korrelation zwischen Mächtigkeit und Eisengehalt.

2. Bei der Vorratsberechnung für die Grube Ingulez wurde der mittlere Eisengehalt für die B-Vorräte des Zentralschachtes zu 61,39% mit dem aufgezeigten Fehler der Wägungsmethode berechnet. Eine Bestimmung des mittleren Gehaltes mit Hilfe der Formeln von L. I. PANKUL & A. S. SOLOTAREW ergibt in der Regel für alle berechneten Blöcke etwas geringere Werte (Tabelle 4) und für die ganze Gruppe einen Wert von 60,73%.

Berechnet man den mittleren Gehalt mit der Methode des einfachen arithmetischen Mittels für die einzelnen Blöcke und gleicht man dann proportional den Vorräten der einzelnen Blöcke aus, so erhält man einen mittleren Gehalt für die ganze Gruppe von 60,4%. Aus Tabelle 4 folgt, daß der mittlere Gehalt für die ganze Gruppe bei Anwendung der Wägung um 0,66% zu hoch ermittelt wird, während der Fehler bei einer Berechnung nach

Tabelle 4

Nr. des Blocks	Vorräte im Block %	Eisengehalt %		
		über die Mächtigkeit gewogen	„wahrer" (nach Pankul und Solotarew)	einfacher arithmetischer
2	4,83	62,42	62,40	62,40
3	11,94	62,36	62,15	62,15
6	12,54	59,71	59,87	59,98
7	24,19	62,10	61,18	60,70
8	25,93	63,32	63,23	63,23
9	13,82	60,28	57,84	56,52
10	6,75	54,51	53,28	52,66
	100	61,39	60,73	60,40

der Methode des einfachen arithmetischen Mittels nur 0,33% betragen würde. Die Erhöhung des Wertes für den mittleren Gehalt gegenüber dem wahren Gehalt im vorliegenden Beispiel zeugt vom Vorhandensein einer positiven Korrelation zwischen der Mächtigkeit der Erzkörper und dem Eisengehalt im Becken von Kriwoj Rog.

Zusammenfassung

Die Möglichkeit der Anwendung der Wägung mit der Mächtigkeit zur Berechnung der mittleren Gehalte bei Vorratsberechnungen ist stark begrenzt. Diese Methode kann nur bei einer Sektionsprobenahme zur Bestimmung der mittleren Gehalte für eine Linie angewendet werden. Für die Vorratsberechnungen auf Lagerstätten mit nicht gesetzmäßiger Verteilung der Vererzung ist das Verfahren der Wägung nicht anwendbar, wie N. W. WOLODOMONOW bewies.

Bei einer gesetzmäßigen Verteilung der Vererzung kann die Berechnung der mittleren Gehalte für Flächen oder Blöcke mit einer Wägung über die Mächtigkeiten nur dann erfolgen, wenn die Berechnung mit mehr als drei Werten (Proben, Abbauen, Bohrungen oder Schnitten) durchgeführt wird. Ist die Anzahl der Werte nicht größer als drei, so muß die Berechnung nach der Methode des einfachen arithmetischen Mittels erfolgen, weil dabei die Fehler bedeutend geringer sind als für die Methode der Wägung mit der Mächtigkeit.

Резюме

Возможность применения метода взвешивания с мощностью для вычисления среднего содержания при подсчете запасов ископаемых сильно ограничена. Применять этот метод можно только для определения средних содержаний для одной линии при секционном пробоотборе. Для подсчета запасов на месторождениях с незакономерным распределением оруденения способ взвешивания, как указано Н. В. Володомоновым, неприменим.

При закономерном распределении оруденения можно применять метод взвешивания с мощностью для вычисления средних содержаний для площадей или блоков только тогда, если подсчет проводится при наличии свыше трех показателей (проб, разработки, скважины или разрезов). Если показателей не больше чем три, то подсчет проводится по методу среднего арифметического, потому что ошибок при этом бывает обычно гораздо меньше, чем при применении метода взвешивания с мощностью.

Summary

The use of weighing by the thickness for the calculation of average contents in the calculation of reserves is confined within narrow limits. This method is only applicable to section sampling for the purpose of determining average contents of a single line. As was shown by N. W. WOLODOMONOW the weighing method is not applicable for the calculation of reserves of deposits with irregular distribution of mineralization.

In case of a regular distribution of mineralization the calculation of average contents of areas or blocks can only be weighed by the thickness if more than three values (samples, mining, drillings or cuts) are available for the calculation. Up to three values calculation must be made according to the method of the simple arithmetic mean, because errors are considerably smaller than with the method of weighing by the thickness.

Literatur

PANKUL, L. I. & A. S. SOLOTAREW: Neue Formeln für die mittleren Gehalte von Flächen und Volumina zur Vorratsberechnung von nutzbaren Bodenschätzen. — Gornij J., Nr. 1, 1935.

PROKOFJEW, A. P.: Praktische Methoden der Vorratsberechnung von Erzlagerstätten. — Gosgeolisdat, 1953.

SMIRNOW, W. I.: Geologische Grundlagen der Prospektion und Erkundung von Erzlagerstätten. — Moskau 1957.

WOLODOMONOW, N. W.: Über die Methoden der Vorratsberechnung von Ganglagerstätten. — Gornij J., Nr. 3—4, 1944.

Refraktionsseismische Untersuchungen am Abbruch von Wittenberg

(Mitteilung aus dem VEB Geophysik)

DONALD JANETZKY, Leipzig

1. Aufgabe

Die im Gebiet nördlich und nordöstlich Zerbst durchgeführten refraktionsseismischen Übersichtsmessungen ergaben eine flachherzynisch streichende dichte Isochronenscharung (Abb. 1). Die Laufzeiten des ersten seismischen Impulses für die Grundentfernung von 4 km nehmen hier von Süden nach Norden um etwa 0,6 s zu. Die Isochronenscharung deckt sich mit der von SIEMENS angegebenen Isogammenscharung an der Nordflanke des Dessauer Schwerehochs.

Die Ursache dieser auffallend großen Laufzeitenänderung sollte durch ein Refraktionsprofil geklärt werden.

2. Durchführung der Messungen

Die Arbeiten wurden im Jahre 1957 vom Meßtrupp Refraktion II des VEB Geophysik ausgeführt. Der Trupp war mit 5 vierspurigen Registriergeräten ausgerüstet.

Es wurde ein senkrecht zu den Isochronen liegendes Profil von 7,2 km Länge von 9 Sprengpunkten aus gestaffelt geschossen (Abb. 1).

Die Seismographen hatten einen gegenseitigen Abstand von 100 m. Die Bohrtiefen betrugen 8—14 m, die Ladungsmengen 12—35 kg.

3. Ergebnis der Untersuchungen

3.1 Die Geschwindigkeitswerte

Die Geschwindigkeit, mit der sich die direkten Wellen in den känozoischen Deckschichten fortpflanzen, beträgt im nördlichen und mittleren Teil des Profils (Abb. 2) durchschnittlich 1900 m/s. Nur am südlichsten Sprengpunkt (XX) tritt eine etwas niedrigere Geschwindigkeit (1600 bis 1650 m/s) auf. Die Geschwindigkeit, mit der sich die refraktierten Wellen an der Oberkante des Prätertiärs fortpflanzen, wechselt in der Horizontalen. Man kann das Profil in drei Abschnitte unterteilen. In jedem von ihnen weist das Prätertiär einen charakteristischen, von denen der anderen beiden Abschnitte verschiedenen Geschwindigkeitswert auf. Es handelt sich hierbei um mittlere Werte, die aus allen Laufzeitkurven jedes Abschnittes gemittelt wurden. Abweichungen von diesen mittleren Geschwindigkeiten können in erster Linie auf eine geringe Schichtneigung des Prätertiärs und auf den Eindringeffekt (die Wellen verlaufen nicht an der Oberkante des Prätertiärs, sondern dringen in dieses ein und breiten sich hier mit größerer Geschwindigkeit als an der Oberkante aus) zurückgeführt werden.

Im nördlichen Abschnitt (zwischen den Sprengpunkten XXXVII und LIX) beträgt der Geschwindigkeitswert des Prätertiärs 2700 m/s, im mittleren Abschnitt (zwischen den Sprengpunkten LX und LXI) 3600 m/s und im südlichen Abschnitt (südlich des Sprengpunktes IL) 4800 m/s.

Diese Geschwindigkeitswerte lassen sich in den Laufzeitkurven gut voneinander unterscheiden. Verfolgt man z. B. die vom Sprengpunkt XX nach Norden (in Abb. 2 nach links) verlaufende Laufzeitkurve, so sieht man deutlich, wie die Geschwindigkeitswerte des südlichen, des mittleren und des nördlichen Abschnittes einander ablösen.

Abb. 2. Refraktionsprofil über dem Hauptabbruch

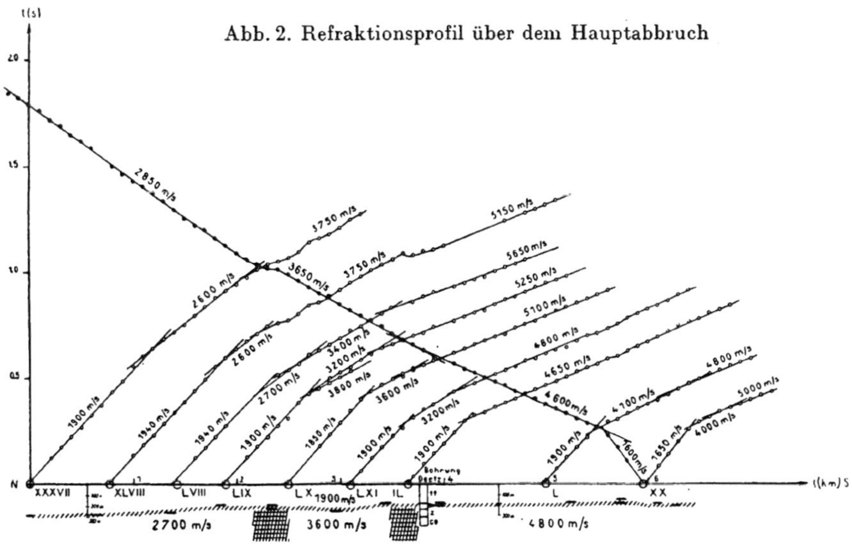

Zwischen den einzelnen Geschwindigkeitsabschnitten sind in Abb. 2 die Geschwindigkeitsgrenzen kreuzschraffiert angegeben. Sie bezeichnen diejenigen Stellen des Profils, an denen der Geschwindigkeitswert des Prätertiärs in den Laufzeitkurven von einem anderen abgelöst wird. Die Geschwindigkeitsgrenzen können einmal die ungefähre Lage der Grenzen von Schichtausstrichen angeben (in der Geschwindigkeitsgrenze 2700/3600 m/s wäre dann z. B. die untere Grenze des Ausstreichens der Schicht mit v = 2700 m/s zu suchen, die gleichzeitig die obere Grenze des Ausstreichens der Schicht mit v = 3600 m/s wäre), sie können aber auch bedeuten, daß an ihnen die Mächtigkeit der Schicht mit dem kleineren Geschwindigkeitswert bis unter eine bestimmte Mindestmächtigkeit abnimmt. In diesem Falle wird die geringmächtige Schicht „überschossen" und kann in der Laufzeitkurve nicht mehr in Erscheinung treten. Die Schichtgrenze ist dann gegenüber der Geschwindigkeitsgrenze in Richtung zu der Schicht mit dem höheren Geschwindigkeitswert hin zu suchen.

Deutung der Geschwindigkeitswerte

Im südlichen Profilabschnitt (v = 4800 m/s) liegt dicht an der Geschwindigkeitsgrenze 3600/4800 m/s die

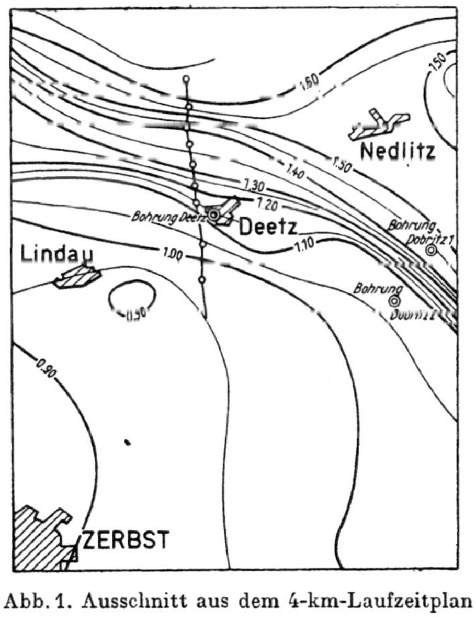

Abb. 1. Ausschnitt aus dem 4-km-Laufzeitplan

Bohrung Deetz. Sie erbrachte bis 175 m Teufe Pleistozän und Tertiär, bis 245 m unteren Buntsandstein, bis 310 m Zechstein und bis 392 m (Endteufe) oberes Karbon.

Nach dem Bohrprofil wird vermutet, daß der Geschwindigkeitswert 4800 m/s im südlichen Profilabschnitt dem Paläozoikum zuzuordnen ist. Eine Trennung zwischen Zechstein und Karbon kann auf Grund der vorliegenden Meßergebnisse nicht erfolgen. Wahrscheinlich sind die Geschwindigkeitswerte beider Formationen einander fast gleich.

Der Geschwindigkeitswert 3600 m/s im mittleren Profilabschnitt ist zu niedrig, um das Prätertiär hier ebenfalls als Paläozoikum deuten zu können. Es kommt wohl eher die Deutung als Mesozoikum in Betracht. Nach dem Ergebnis der Bohrung Deetz könnte in diesem Profilabschnitt Buntsandstein unter dem Tertiär anstehen. Diese Deutung gewinnt dadurch an Wahrscheinlichkeit, daß bei der Bohrung Dobritz II (etwa 7 km südöstlich) ebenfalls ein Geschwindigkeitswert von 3300 bis 3600 m/s dem Buntsandstein zugeordnet werden konnte.

Bei dieser Deutung kann man für die Geschwindigkeitsgrenze 3600/4800 m/s die unter 3.1 an zweiter Stelle genannte Erklärung geben: Die in der Bohrung Deetz mit 75 m erbohrte Mächtigkeit des Buntsandsteins liegt, wie die Rechnung zeigt, unterhalb der seismisch noch zu erfassenden Mindestmächtigkeit, die hier 80 m betragen müßte. Der Buntsandstein wird also von der Geschwindigkeitsgrenze ab überschossen. Die untere Grenze des Buntsandsteinausstriches kann hier nicht genauer festgelegt werden.

Im nördlichen Profilabschnitt legt der Geschwindigkeitswert 2700 m/s die Deutung des Prätertiärs als jüngeres Mesozoikum nahe. Bei der ebenfalls etwa 7 km entfernt liegenden Bohrung Dobritz I konnte der gleiche Geschwindigkeitswert als zur Oberkreide gehörend erkannt werden. Aus diesem Grunde wird auch im nördlichen Profilabschnitt das Liegende des Tertiärs als Oberkreide gedeutet.

3.2 Die Mächtigkeit des Känozoikums

Die Grenze Tertiär/Prätertiär ist in Abb. 2 schraffiert eingezeichnet. Ihr liegen die mit Hilfe der oben erwähnten Geschwindigkeitswerte berechneten Teufen (in Abb. 2 durch stärkere waagerechte Striche dargestellt) zugrunde. Eine Kontrolle erfolgte durch Vergleich mit der nach dem Wellenfrontenverfahren konstruierten Grenze.

Im größten Teil des Profils, vom Sprengpunkt XX im Süden bis zum Sprengpunkt LIX im Norden, weist das känozoische Deckgebirge eine fast gleichbleibende Mächtigkeit von rund 200 m auf. Weiter nach Norden nimmt sie bis auf 300 m am Sprengpunkt XXXVII zu. Wenn auch von vornherein kein völlig ebener Verlauf der Grenze Tertiär/Prätertiär zu erwarten ist, so sind doch, nach der Form der Laufzeitkurven zu urteilen, Stufen von mehr als 50 m Höhe ziemlich unwahrscheinlich.

4. Zusammenfassung der Ergebnisse

Die Auswertung der Geschwindigkeiten der ersten prätertiären Schicht und ihrer Teufen zeigt, daß die sich in einer dichten Isochronenscharung widerspiegelnde starke Laufzeitenänderung am Abbruch von Wittenberg weniger auf eine Mächtigkeitsänderung des Känozoikums als vielmehr auf Geschwindigkeitsänderungen an der Oberkante des Prätertiärs zurückzuführen ist. In drei Abschnitten des Profils treten deutlich voneinander verschiedene Geschwindigkeitswerte an der Oberkante des Prätertiärs auf. Mit Hilfe der Bohrungen Deetz, Dobritz I und Dobritz II werden

Profilabschnitt	Geschwindigkeitswert des Prätertiärs	Deutung
Süden	4800 m/s	Paläozoikum (Karbon und Zechstein)
Mitte	3600 m/s	Mesozoikum (Buntsandstein?)
Norden	2700 m/s	Jüngeres Mesozoikum (Oberkreide?)

sie drei verschiedenen Formationen zugeordnet, über denen das Känozoikum diskordant lagert.

Es zeigt sich, daß bereits im Rahmen der refraktionsseismischen Übersichtsmessungen gestaffelt geschossene Profile zu Ergebnissen führen können, die im Verein mit Bohrungen wichtige Hinweise auf den geologischen Bau des Untersuchungsgebietes geben.

Zusammenfassung

Der Verfasser macht Angaben über die nördlich und nordöstlich von Zerbst durchgeführten refraktionsseismischen Übersichtsmessungen, die eine flach herzynisch streichende dichte Isochronenscharung ergaben. Die Auswertung der Geschwindigkeiten der ersten prätertiären Schicht und ihrer Teufen zeigt, daß die starke Laufzeitenänderung am Abbruch von Wittenberg weniger auf eine Mächtigkeitsänderung des Känozoikums als vielmehr auf Geschwindigkeitsänderungen an der Oberkante des Prätertiärs zurückzuführen ist.

Резюме

Автор описывает проведенные севернее и северовосточнее Цербста рефракционно-сейсмические измерения, в результате которых было получено сгущение изохрон, идущих в направлении с северо-запада на юго-восток. Анализ скоростей и глубины первого дотретичного пласта говорит о том, что сильное изменение времени пробега на виттенбергском сбросе объясняется скорее изменением скорости в пределах кровли дотретичных пород, чем различной толщиной кайнозойских пластов.

Summary

The author informs about general seismic refraction measurements carried out north and north-east of the town of Zerbst, showing a compact concentration of isochrons trending in a flat Hercynian direction. The interpretation of the velocities in the first pretertiary stratum and of its depths proves that the extraordinary change of travel times at the fault of Wittenberg is not so much due to a change of thickness in the Cainozoic but must rather be attributed to changes of velocities produced at the upper surface of the Pretertiary.

Literatur

SIEMENS: Die Schwerekarte der DDR. — Freiberger Forschungshefte C 7, 1953.
Unveröffentlichte Abschlußberichte aus dem Archiv des VEB Geophysik.

Schweremessungen unter Tage

(Mitteilungen aus dem VEB Geophysik, Leipzig)

CHRISTIAN OELSNER, Freiberg (Sa.)

1. Historischer Überblick

Um die Meßgenauigkeit der modernen Gravimeter voll auszunützen, benötigt man in zunehmendem Maße genauere Dichteangaben für die entsprechenden Korrektionen bzw. Reduktionen (topographische Korrektion, Gesteinsplattenreduktion, isostatische Reduktion). Da die Dichte direkt proportional in diese Reduktionen eingeht, bewirken Fehler in ihr Reduktionsanomalien, die Schwerestörungen vortäuschen können.

Die erforderlichen Dichteangaben erhält man im allgemeinen aus Dichtebestimmungen an Gesteinsproben im Labor. Zur Gewinnung eines repräsentativen Wertes muß von jeder Gesteinsart eine große Zahl von Dichteangaben gefordert werden. Bei der Probenahme wird der ursprüngliche Zustand des Gesteins gestört, da eine Druckentlastung sowie eine Veränderung des Porenvolumens und der Bergfeuchte eine Dichteänderung hervorrufen kann. Da diese Methode mit Mängeln behaftet ist, versuchte man im Laufe der letzten 20 Jahre mit neuen Methoden die Dichte am anstehenden Gestein zu bestimmen. Dies kann mit folgenden drei Verfahren geschehen:

NETTLETON-Verfahren
Drehwaagemessungen unter Tage
vertikale Schwereprofile

Beim NETTLETON-Verfahren (1939) wird aus Schweremessungen in verschiedenen Höhen an der Erdoberfläche die Dichte aus der Korrelation von Schwere und Höhe berechnet. Die Messungen müssen über stark kupiertem Gelände durchgeführt werden, wobei keine horizontalen Dichteänderungen auftreten dürfen.

Die Methode der Dichtebestimmung durch Drehwaagemessungen unter Tage beruht auf einem Vorschlag von O. MEISSER. Ausgeführt und beschrieben wurden Messungen nach dieser Methode von RISCHE (1957) und von WEIGEL (1957). RISCHE behandelte außerdem ausführlich die Methode der vertikalen Schwereprofile.

Nach der Bouguerformel

$$\Delta g = 2\pi k \sigma h \quad (k = \text{Gravitationskonstante}) \qquad (1)$$

Tab. 1. Gravimetermessungen unter Tage, ergänzt nach Rische (1957) und Bremer (1957)

Jahr	Beobachter	Zahl d. Schächte	Gegend	Bestimmung von
1939	Jung	1	Clausthal, Deutschland	σ
1946	Behouneck,	1	Březové Hory, ČSR	σ
1950	Hammer [Stanek	1	Ohio, USA	σ
1950	Boaga u. a.	1	Grotte Castellana, Italien	Θ
1951	Falcon, Tarrant	2	Kent, Großbritannien	σ
1951	Boaga, Tribalto	1	Grotte Castellana, Italien	Θ
1952	Cook, Thirlaway	3	Bristol, Großbritannien	σ
1952	Gilbert	1	Bohrung	1)*
1952	Picha, Chudoba	1	Březové Hory, ČSR	U_{zz}*) σ
1952	Picha	1	Tunnel, Spicág, ČSR	U_{zz}
1952	Rogers	1	Arizona, USA	2)**
1952	Yaramanci	1	Dettenbergtunnel, Schweiz	σ
1953	Facsinay, Haázne	1	Nagymányok, Ungarn	σ
1953	Miller, Jnnes	7	Noranda, Kanada	σ, Θ**)
1954	Domzalski	1	Kent, Großbritannien	σ
1954	Bodemüller	6	Niedersachsen, Deutschland	U_{zz}
1955	Allen u. a.	1	Texas, USA	σ
1955	Domzalski	2	Cumberland, Großbritannien	2)
1955	Domzalski	2	Cumberland, Großbritannien	Θ
1955	Rische	65	Deutsche Bergbaugebiete	σ
1956	Allen	1	Arizona, USA	2)
1957	Bremer	6	Erzgebirge, Deutschland	σ
1957	Wetton u. a.	2	Cumberland, Großbritannien	σ
1958	Kapcova	1	Ural, UdSSR	2)

*1) Gravimetererprobung *) U Gravitationspotential
**2) Geologische Erkundung **) mittlere Erddichte

für die Schwerewirkung einer homogenen Platte der Dichte σ, der Dicke h und unendlicher horizontaler Erstreckung besteht prinzipiell die Möglichkeit, die Dichte σ der Platte zu bestimmen.

Solche Messungen wurden außer von Rische noch von verschiedenen anderen Autoren durchgeführt. Eine Zusammenstellung der veröffentlichten Gravimetermessungen unter Tage gibt Tabelle 1.

Die mittlere Erddichte Θ kann bestimmt werden, da sie in den Freiluftgradienten eingeht.

Die Messungen von Gilbert (1954) waren Versuchsmessungen mit einem Bohrlochgravimeter, bei dem die Eigenfrequenz eines durch eine frei hängende Masse gespannten Fadens als Maß der Schwere benutzt wird.

Der Tabelle ist zu entnehmen, daß besonders in letzter Zeit untertägige Gravimetermessungen zur geologischen Erkundung benutzt werden.

Rogers (1952) konnte aus Schweremessungen in einem Schacht in Arizona (USA) eine kugelförmige Erzimprägnation lokalisieren.

Domzalski (1955) führte in zwei Schächten in Cumberland (Großbritannien) Schweremessungen auf verschiedenen Sohlen und über Tage durch. Es war ihm dadurch möglich, eine dreidimensionale Auswertung (Anfertigung horizontaler und vertikaler Schnitte) vorzunehmen, die eine bessere geologische Deutung ermöglicht.

Eine ebensolche dreidimensionale Messung und Auswertung wurde von Allen (1956) ausgeführt. Er nahm im Laufe von sechs Jahren in der Kupfergrube Bisbee, Arizona (USA), auf etwa 200 Profilkilometern und 30 Sohlen Messungen vor. Ein Mineralisationszentrum konnte aus einem vertikalen Schnitt gut lokalisiert werden.

In einer geologisch genau bekannten Kupfergrube im Ural wurde von Kapcova (1958) ein methodischer Versuch zur Prüfung der Anwendungsmöglichkeit und Leistungsfähigkeit der dreidimensionalen Schweremessung durchgeführt. Außer 278 Punkten über Tage wurden 124 Punkte unter Tage auf vier Sohlen, die jeweils 60 m Abstand hatten, gravimetrisch vermessen. Es konnte eine gute Übereinstimmung der theoretisch berechneten und experimentell bestimmten Form der Anomalie eines Erzkörpers erreicht werden.

2. Zweck der Untersuchung, Lage des Gebietes, geologische Verhältnisse

Vom Meßtrupp Gravimeter II des VEB Geophysik wurde im Oktober/November 1958 eine gravimetrische Spezialuntersuchung eines etwa 10 km² großen Gebiets um den Otto-Brosowski-Schacht an der Grenze der Meßtischblätter Eisleben (4435) und Hettstedt (4335) durchgeführt. Es sollte versucht werden, Reste bzw. einen Salzspiegel des Älteren Steinsalzes nachzuweisen, das in einer Tiefenlage von —180 bis —296 m NN erwartet wird. Aus dem Salzspiegelbereich des Älteren Steinsalzes stammende Wässer führten im VEB Kupferschieferbergbau „Otto Brosowski" wiederholt zu Wassereinbrüchen.

Im Verlauf dieser Spezialuntersuchung wurde im Bereich der 7. Sohle des Otto-Brosowski-Schachtes eine Untertagemessung durchgeführt, über die im folgenden berichtet wird. Es sollte versucht werden, Salzlinsen von etwa 30 m Mächtigkeit, die etwa 80 m oberhalb der 7. Sohle vermutet werden, nachzuweisen.

Eine 30 m mächtige und 300 m breite Salzplatte unendlicher horizontaler Erstreckung bewirkt unter Tage in 80 m vertikaler Entfernung eine Schweredifferenz von 0,80 mgal, wenn eine Dichtedifferenz von 0,6 gcm^{-3} Salz 2,2 gcm^{-3}, Nebengestein (vorwiegend Anhydrit) 2,8 gcm^{-3} vorausgesetzt wird. Soll die gleiche Salzplatte von über Tage aus erkundet werden, so wird die Schwerewirkung an der Erdoberfläche nur etwa 0,02 mgal betragen, wenn man eine 500 m mächtige Bedeckung mit Gestein der Dichte 2,5 gcm^{-3} (vorwiegend Buntsandstein) annimmt. Der Nachweis einer solchen Salzplatte von über Tage aus ist somit bei den angenommenen Bedingungen nicht möglich, da ihre Schwerewirkung im Bereich der Meßgenauigkeit des Gravimeters liegt.

Der Otto-Brosowski-Schacht liegt im nördlichen Teil der NW—SO streichenden Mansfelder Mulde nahe der W—O streichenden Halle-Hettstedter-Gebirgsbrücke. In der saxonisch entstandenen Mansfelder Mulde ist das Oberrotliegende diskordant auf das Unterrotliegende der Halleschen Mulde aufgelagert. Als nächste Formation ist infolge der Zechsteintransgression die gesamte Zechsteinfolge abgelagert. Auf den Zechstein folgt der mit großer Mächtigkeit sedimentierte Buntsandstein.

Die in der Mansfelder Mulde auftretenden Salzmächtigkeiten schwanken infolge tektonischer Einwirkungen, durch die ein großer Teil des Salzes vom Zentrum der Mulde nach außen abgepreßt wurde. Die nachfolgende Ablaugung bewirkte die Bildung von zwei Salzspiegelgebieten. Es sind dies das Salzspiegelgebiet im SW der Mansfelder Mulde (Eisleben, Helfta, Unterrißdorf, Wansleben) mit der Salzspiegelhöhe — 145 m NN und das Salzspiegelgebiet im NO der Mansfelder Mulde (Heiligenthal, Lochwitz, Rumpin) mit der Salzspiegelhöhe —296 m NN. Durch Aufsattelung kann das Salz jedoch auch in höhere Lagen gelangen. Es besteht somit die Möglichkeit, daß noch Reste des Älteren Steinsalzes im Bereich zwischen 4. und 6. Sohle (— 180 bis — 240 m NN) im Gebiet des Otto-Brosowski-Schachtes vorhanden sein können (Busch).

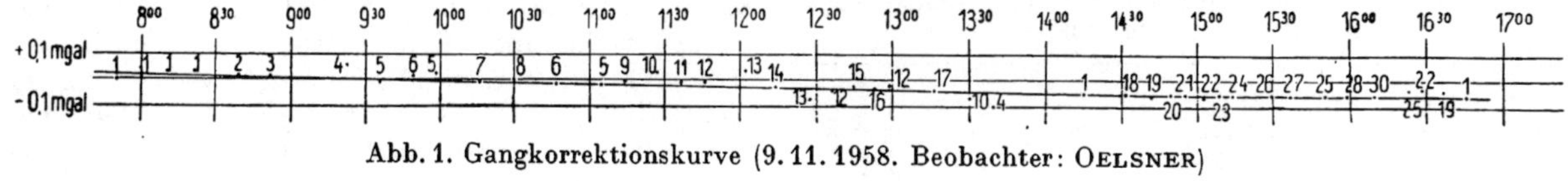

Abb. 1. Gangkorrektionskurve (9. 11. 1958. Beobachter: OELSNER)

Die Gravimetermeßpunkte auf der 7. Sohle, im A- und B-Flachen lagen entweder im Werraanhydrit, im Zechsteinkalk, im abgebauten Flöz oder im Oberrotliegenden. Die damit verbundenen kleinen Dichteunterschiede wurden bei der Reduktion nicht berücksichtigt, da sie sich wenig auf das Ergebnis auswirken werden.

3. Technische Durchführung

Die Untertagemessung wurde am 9. 11. 1958 mit dem Askania-Gravimeter Nr. 114 (Typ Gs 11) durchgeführt. Statt der im allgemeinen Feldgebrauch benutzten zwei Batterien von je 6 V/80 Ah wurden zweimal drei hintereinander geschaltete 2-V-Nickelkadmiumbatterien benutzt. Dadurch konnte erhebliches Gewicht eingespart werden. Die Batterien waren alle in einem Kasten untergebracht, der bequem von 2 Personen bzw., falls nötig, auch von einer transportiert werden konnte. Das Instrument wurde im allgemeinen in seiner Transportkiste von zwei Personen getragen (Gewicht: Instrument und Transportkiste 38 kg). Damit war der Einsatzmöglichkeit des Gravimeters eine Grenze gesetzt. Auf Messungen in allzu unzugänglichen Grubenteilen mußte verzichtet werden. Auf dem mit Schienen versehenen Teil der 7. Sohle von ihrem Füllort bis etwa 325 m hinter die Abzweigung des A-Flachen wurden Instrument und Batterien auf einem Hunt ohne Seitenwände gefahren. Zur Dämpfung der Stöße wurde das Instrument auf einen mäßig aufgepumpten Autoreifen gestellt. Als Stativ wurde das kleine Askaniastativ benutzt. Gemessen wurden 29 Punkte auf der 7. Sohle, dem A- und B-Flachen. Zur Dichtebestimmung wurde außerdem im Füllort der 11. Sohle gemessen.

Anschlußpunkt an die Übertagemessung war die Rasensohle außerhalb des Schachtgebäudes.

Zur Bestimmung des Instrumentenganges, der aus den Veränderungen der elastischen Eigenschaften des Systems und den Erdgezeiten resultiert, müssen einige Stationen wiederholt aufgestellt werden. In unserem Fall wurden zur Messung der 29 Punkte 42 Aufstellungen benutzt. Daraus ergeben sich im Mittel pro Station 1,4 Aufstellungen.

Der mittlere Fehler der Aufstellung beträgt $\pm 0{,}03$ mgal. Die benutzte Methode kann als kombiniertes Stern-Stepp-Verfahren bezeichnet werden. Die Meßfolge ist am besten der in Abb. 1 dargestellten Gangkorrektionskurve zu entnehmen.

4. Bemerkungen zur Theorie

Die Größe der an jedem Meßpunkt erhaltenen Schwerewerte wird außer der Massenverteilung im Untergrund noch von folgenden Faktoren beeinflußt:

a) Instrumentengang

Da sich der Nullpunkt des Gravimeters infolge elastischer Effekte und Temperatureffekte verändert, muß durch einige Wiederholungsmessungen der Gang (Drift) des Instrumentes als Funktion der Zeit bestimmt werden (s. o.).

b) Höhe des Meßpunktes

Höhenabhängig sind einmal die Freiluftkorrektion und zum anderen die Bouguerkorrektion. Mit der erstgenannten Korrektion wird die Abnahme der Schwere mit der Höhe korrigiert. Dieser vertikale Gradient beträgt 0,3086 mgal pro m. Mit der Bouguer- oder Gesteinsplattenkorrektion (Gleichung 1) wird die Anziehung einer homogenen Platte unendlicher horizontaler Ausdehnung korrigiert. Ihr Vorzeichen ist dem der Freiluftkorrektion stets entgegengesetzt. Wird an der Oberkante und Unterkante der Platte gemessen, so muß mit der doppelten Bouguerkorrektion reduziert werden.

c) Topographie

Die Abweichung der Topographie von der idealisierten Bouguerplatte bedingt einen Korrekturbetrag, der zu den entsprechenden Schwerewerten addiert werden muß. Die Bestimmung dieses Korrekturbetrages ist sehr mühsam und erfordert bedeutend mehr Zeit als die Berechnung der anderen Korrektionen.

Bei Untertagemessungen muß noch die Wirkung unterirdischer Hohlräume (Schachtröhre und Stollen) berücksichtigt werden.

d) Breite

Da wegen der Abplattung der Erde an den Polen die Schwere vom Äquator zum Pol zunimmt, muß die sog. Breitenkorrektion bestimmt werden.

Die Dichte σ läßt sich nach Bestimmung der Schweredifferenz Δg zwischen den Meßpunkten in der Tiefe T und 0 m bestimmen.

(Die Ableitung der folgenden Formeln ist der Arbeit von RISCHE zu entnehmen.)

$$\sigma = \frac{0.3086 - \dfrac{\Delta g + \delta \Delta g_{t+s}}{\Delta T}}{0.0838} \qquad (2)$$

Darin bedeuten

σ Dichte in gcm^{-3}
Δg Schwerediferenz im Tiefenintervall ΔT
$\delta \Delta g_{t+s}$ Gelände- und Schachtkorrektionen

Die Berechnungsgenauigkeit der Dichte hängt von der Meßgenauigkeit von Δg und der Größe des Tiefenintervalls ab.

$$\delta \sigma = \frac{\delta \Delta g}{0.0838\, \Delta T} \qquad (3)$$

Die Genauigkeit des Tiefenintervalls ist eine Funktion der Dichte σ und der Meßgenauigkeit von Δg.

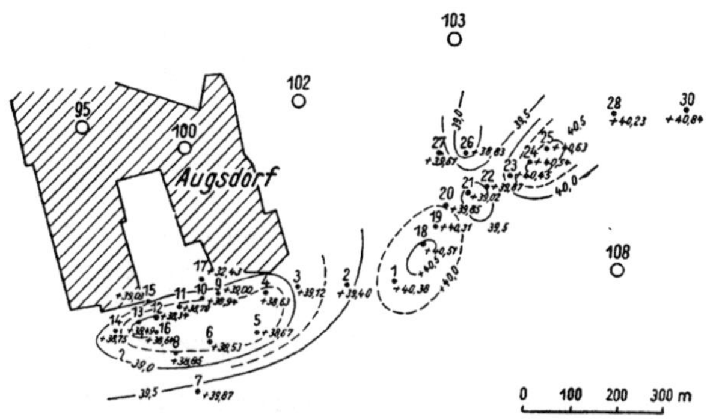

Abb. 2. Bouguerschwerestörung, 7. Sohle des Otto-Brosowski-Schachtes. Isogammenabstand 0,5 mgal, Reduktionsniveau NN, Reduktionsdichte 2,5 gcm^{-3}

Tab. 2. Meßergebnisse

Punkt	Höhe m NN	ΔT m	$\Delta g_0''$ mgal	Δg mgal	σ gcm^{-3}	Lage des Punktes
1	− 360,7	549,9	+ 40,38	+ 51,85	2,55	7. Sohle
2	− 360,7	541,7	+ 39,40	+ 50,43	2,57	,,
3	− 360,7	545,9	+ 39,12	+ 49,77	2,59	,,
4	− 360,7	537,7	+ 38,63	+ 48,92	2,59	,,
5	− 360,7	535,7	+ 38,67	+ 48,45	2,60	,,
6	− 360,7	549,2	+ 38,53	+ 48,97	2,61	,,
7	− 360,7	552,7	+ 39,87	+ 51,76	2,56	,,
8	− 360,7	543,1	+ 38,85	+ 48,68	2,60	,,
9	− 357,3	539,8	+ 39,00	+ 49,42	2.59	B-Flaches
10	− 354,7	535,7	+ 38,94	+ 48,94	2,59	,,
11	− 351,8	532,3	+ 38,70	+ 48,38	2,59	,,
12	− 348,2	524,2	+ 38,34	+ 47,24	2,52	,,
13	− 345,0	522,5	+ 38,49	+ 47,24	2,52	,,
14	− 339,5	518,0	+ 38,75	+ 48,13	2,57	,,
15	− 348,0	531,5	+ 39,03	+ 48,63	2,59	,,
16	− 348,0	527,5	+ 38,64	+ 47,86	2,60	,,
17	− 354,5	540,0	+ 39,43	+ 49,83	2,58	,,
18	− 360,7	547,2	+ 40,51	+ 52,09	2,54	7. Sohle
19	− 360,7	542,7	+ 40,31	+ 51,73	2,55	,,
20	− 360,7	542,7	+ 39,85	+ 50,88	2,56	,,
21	− 360,7	534,7	+ 39,02	+ 49,14	2,58	,,
22	− 360,7	541,7	+ 39,84	+ 50,54	2,57	,,
23	− 360,7	546,4	+ 40,45	+ 51,59	2,55	,,
24	− 360,7	548,7	+ 40,54	+ 51,91	2,55	,,
25	− 360,7	548,2	+ 40,53	+ 51,85	2,55	,,
26	− 357,2	537,7	+ 38,83	+ 49,12	2,59	A-Flaches
27	− 355,0	532,0	+ 39,61	+ 51,03	2,53	,,
28	− 360,7	544,2	+ 40,24	+ 51,28	2,55	7. Sohle
29	− 360,7	548,4	+ 40,84	+ 51,42	2,56	,,

$$\delta \Delta T = \frac{\delta \Delta g}{0.3086 - 0{,}0838\,\sigma} \qquad (4)$$

Der relative Fehler in ΔT ergibt sich zu

$$\frac{\delta \Delta T}{\Delta T} = \frac{\delta\,\sigma}{3.68 - \sigma} \qquad (5)$$

5. Ergebnisse und ihre Deutung

Gravimetrische Untertagemessungen lassen sich nach drei Arten auswerten:

a) Darstellung der Ergebnisse in Schwereprofilen

Wegen der geringen Aussagekraft dieser Methode wird man sie gegebenenfalls nur dort anwenden, wo zu beiden Seiten senkrecht zum Profil keine Schwerewerte gewonnen werden können. Das war teilweise im Otto-Brosowski-Schacht der Fall.

b) Isogammendarstellung in horizontalen Schnitten

Die bei Untertagemessungen im allgemeinen ziemlich geringe Punktzahl erschwert die Isogammenkonstruktion. Wenn man den generellen Verlauf der Isogammen kennt (z. B. Streichen einer teilweise bekannten Struktur), können Fehler weitgehend verhindert werden.

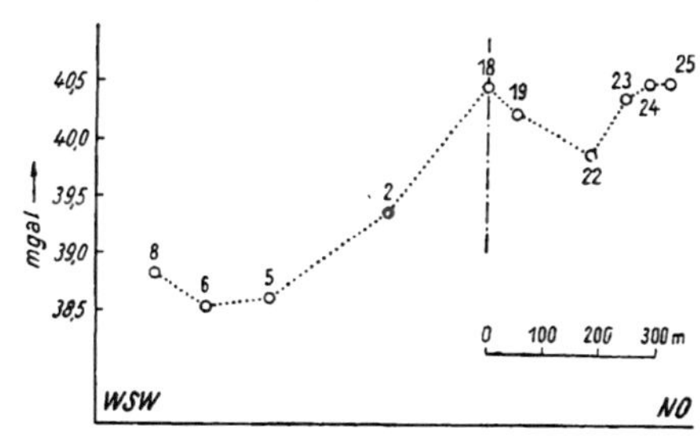

Abb. 3. Schwereprofil auf der 7. Sohle des Otto-Brosowski-Schachtes

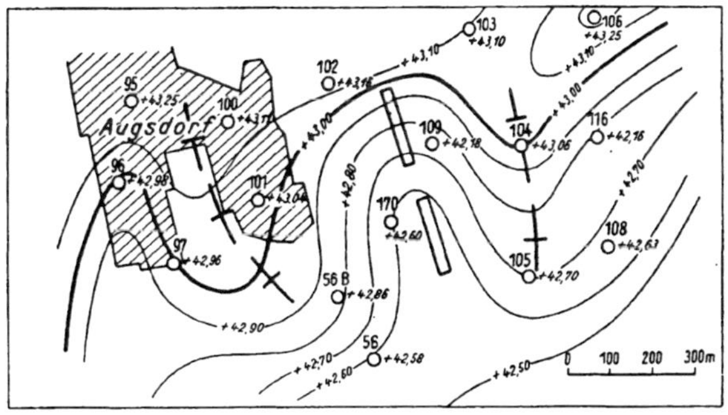

Abb. 4. Bouguerschwerestörung über Tage. Isogammenabstand 0,1 mgal, Reduktionsniveau NN, Reduktionsdichte 2,5 gcm^{-3}

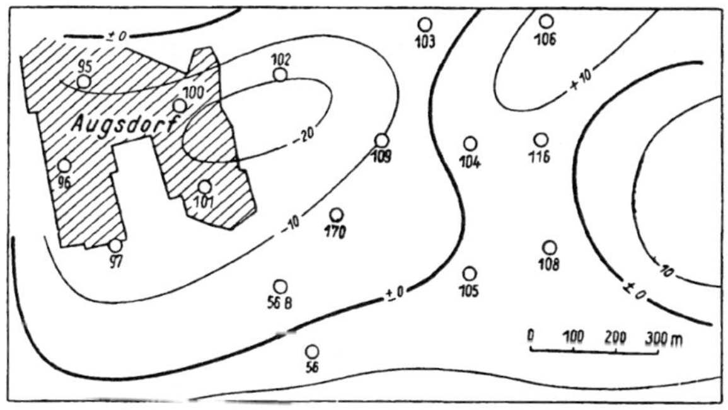

Abb. 5. U_{zzz} nach ELKINS (über Tage), Gitterabstand s = 300 m, Linienabstand 10 · 10^{-14} cgs-Einheiten

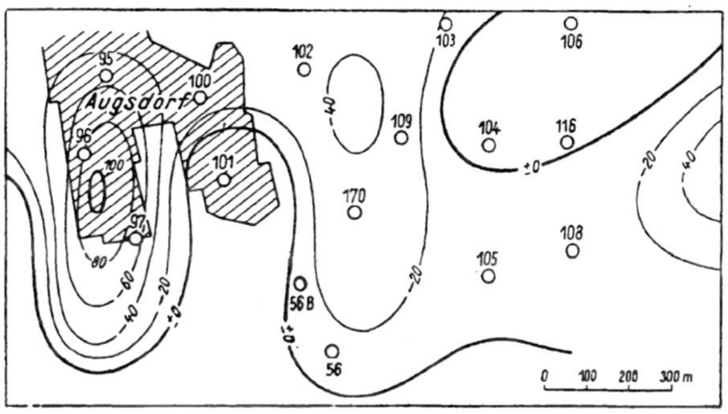

Abb. 6. U_{zzz} nach HAALCK (über Tage), Gitterabstand s = 300 m, Linienabstand 20 · 10^{-14} cgs-Einheiten

c) Die Isogammendarstellung in vertikalen Schnitten ist bei Messungen auf verschiedenen Sohlen möglich. Sie ermöglicht eine dreidimensionale Auswertung.

Einen Überblick über die Meßergebnisse der Untertagemessung gibt die Tabelle 2.

In der Tabelle bedeutet H die Höhe der Meßpunkte über NN. ΔT ist das Tiefenintervall Meßpunkt—Erdoberfläche.

$\Delta g_0''$ ist die Bouguerschwerestörung. Dabei wurde mit der Einheitsdichte 2,5 gcm^{-3} bis NN reduziert.

Δg ist die Schweredifferenz zwischen einem Untertagemeßpunkt und seiner Projektion auf die Erdoberfläche. Der Untertagewert wurde direkt gemessen. Der Wert an der Erdoberfläche wurde durch Interpolation aus der Übertage-Bouguerkarte (Abb. 4) gewonnen, nachdem die Reduktionen rückgängig gemacht wurden.

Die Blockdichte σ konnte nun nach Gleichung 2 berechnet werden. Nach der Gleichung 3 wird die Dichtegenauigkeit von 0,01 gcm^{-3} selbst bei einer Ungenauigkeit der Schweredifferenz Δg von 0,4 mgal noch garantiert. Nach Gleichung 5 darf für eine solche Dichtegenauigkeit der relative Fehler von ΔT 0,8%, d. h. in unserem Fall etwa 4,5 m, nicht überschreiten. Diese Bedingung wurde erfüllt. Die Höhen der Untertagemeßpunkte wurden aus markscheiderischen Unterlagen mit $\pm$ 0,1 m Fehler bestimmt. Die Höhen über Tage konnten aus einer topographischen Karte 1:10000 auf 1—2 m genau abgelesen werden.

Die Blockdichtewerte liegen etwas über denen, die von Rische in diesem Gebiet bestimmt wurden. Dies kann teilweise durch die an den vorliegenden Werten nicht angebrachten topographischen und Schachtkorrektionen bedingt sein.

Die Bouguerstörwerte wurden in der Abb. 2 flächenhaft dargestellt. Dem Isogammenbild ist ein Ansteigen der Schwerewerte von W nach O zu entnehmen. Lokale Maxima werden bei den Punkten 18, 24/25 und 30 erreicht. Das ist ebenfalls sehr gut aus der Profildarstellung in Abb. 3 ersichtlich. Dieser Bereich hoher Werte liegt am Ostrand des sog. Augsdorfer Minimums (Oelsner 1959), das in der Abb. 4 als Minusachse erscheint. In den U_{zzz}-Darstellungen nach Elkins (Abb. 5) und Haalck (Abb. 6) bildet sich diese Minusachse als geschlossenes Minimum ab.

Bei der Berechnung der 3. Ableitung des Gravitationspotentials U, die gleich der zweiten Ableitung der Schwere g ist, wird die Wirkung des Regionalfeldes, d. h. die des tieferen Untergrundes, ausgeschaltet. Dabei werden die an den Eckpunkten von quadratischen oder hexagonalen Gittern interpolierten Schwerestörwerte nach bestimmten Rechenschemen bearbeitet. Das Ergebnis ist abhängig vom „Auflösungsvermögen" der benutzten Formel und vom Gitterabstand.

Zur Deutung von Schwereanomalien unter Tage bestehen stets zwei Möglichkeiten. Ein Maximum kann entweder von einem Massenüberschuß unter dem Meßniveau oder von einem Massendefizit über dem Meßniveau bedingt sein. Ein Minimum dagegen kann umgekehrt von einem Massenüberschuß über bzw. von einem Massendefizit unter dem Meßniveau verursacht werden. In unserem Falle wurde über Tage ein Minimum festgestellt, während die Untertagemessung im gleichen Gebiet ein Maximum ergab. Es kann somit mit einiger Sicherheit ein Massendefizit zwischen 7. Sohle und Rasensohle angenommen werden. Würde das Untertagemaximum von einem Massenüberschuß unter der 7. Sohle verursacht werden, so könnte man schlecht das Übertageminimum erklären. Selbstverständlich können sich beide Komponenten auch überlagern, d. h., die Wirkung eines Massendefizits zwischen 7. Sohle und Rasensohle kann durch einen mehr oder weniger großen Massenüberschuß unter der 7. Sohle mehr oder weniger aufgehoben werden. Da diese beiden Komponenten nicht

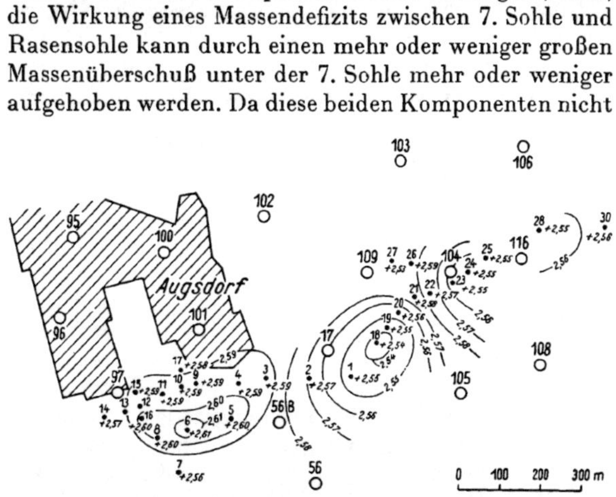

Abb. 7. Blockdichtekartierung, Linienabstand 0,01 gcm^{-3}

zu trennen sind, wird man in keinem Fall genaue quantitative Aussagen über Größe und Lage von Störkörpern machen können.

Sehr gut kann man die Deutung „Massendefizit zwischen 7. Sohle und Rasensohle" aus der Abb. 7 ablesen. Es wurden die für die einzelnen Untertagemeßpunkte berechneten Blockdichtewerte für das Tiefenintervall 7. Sohle — Rasensohle (vgl. Tab. 2) flächenhaft dargestellt. Das Zustandekommen der Werte wurde bereits oben erläutert.

Das Gebiet östlich von Augsdorf wird durch niedrige Blockdichtewerte charakterisiert, während südlich des Dorfes ein relatives Blockdichtemaximum zu lokalisieren ist. Der tiefste Dichtewert wird mit 2,54 gcm^{-3} am Punkt 18 erreicht. Das Dichtemaximum im S von Augsdorf deutet sich im U_{zzz}-Bild nach Haalck (Abb. 6) als Plusachse an.

Den geologischen Verhältnissen dieses Gebietes entsprechend können Schwereminima verursacht werden von größerer Mächtigkeit der Tertiärbedeckung, von Salzmächtigkeiten oder von Lockermassen, die bei der Salzablaugung gebildet wurden.

Wird das Augsdorfer Minimum von einem Massendefizit hervorgerufen, dessen Ursache nur in einer Tertiärbedeckung oder in durch Salzablaugung entstandenen oberflächennahen Lockermassen zu suchen ist, so könnte man mit einer solchen Annahme wohl das Übertage-Isogammenbild erklären. Dagegen sprechen jedoch sowohl die geologischen Oberflächenverhältnisse als auch die unter Tage gemessenen Schweredifferenzen, die eine leichte Einlagerung in größerer Tiefe erfordern. Als wahrscheinlichste Deutung bleibt also die Annahme einer Salzeinlagerung übrig. Möglich und wahrscheinlich ist selbstverständlich auch eine Überlagerung verschiedener Minuswirkungen. Sind als Reste einer Salzaufwölbung Salzlinsen vorhanden, muß auch mit Ablaugungslockermassen gerechnet werden. Eine Trennung der beiden Anteile ist nicht möglich. Die obenerwähnte Überlagerung positiver Einflüsse darf gleichfalls nicht außer acht gelassen werden.

Die Ergebnisse der Untertagemessung halfen in großem Maße die Deutungsmöglichkeiten der Resultate der Schweremessungen im Gebiet des Otto-Brosowski-Schachtes einzuengen. Falls in Zukunft die Möglichkeit besteht, ein leicht transportables Gravimeter vom Typ des Wordengravimeters verwenden zu können, wird man derartige Probleme — Lokalisierung von Salzresten geringer Mächtigkeit — durch großflächigere Untertagemessungen auf mehreren Sohlen besser lösen können. Auch zur Lösung der im Mansfelder Gebiet sehr problematischen Aufgabe der Lokalisierung von salzwassergefüllten Schlotten wird dann die Gravimetrie einen Beitrag leisten können.

Zusammenfassung

Nach einem kurzen Überblick über die aus der Literatur bekannten Schweremessungen unter Tage und über theoretische Grundlagen wird über eine Untertagemessung im Otto-Brosowski-Schacht berichtet, die anläßlich einer gravimetrischen Spezialvermessung im Gebiet des Schachtes durchgeführt wurde, um die Deutungsmöglichkeiten in einem Falle einzuengen. Letztere sollte einen Beitrag zur Lokalisierung von Salzresten geringer Mächtigkeit leisten. Zur anschaulicheren Darstellung der Ergebnisse wurde außer der Untertage-Bouguerkarte, einem Schwereprofil und den Übertageschwerekarten noch eine Blockdichtekartierung für das Tiefenintervall Rasensohle — 7. Sohle vorgelegt. Ein dadurch gut zu lokalisierendes Massendefizit kann wahrscheinlich als Salzeinlagerung gedeutet werden.

Falls in Zukunft ein leicht transportables Gravimeter vom Typ des Wordengravimeters zur Verfügung steht, wird man derartige Probleme durch großflächigere Untertagemessungen auf mehreren Sohlen noch besser lösen können.

Резюме

После краткого обзора о подземных гравиметрических измерениях, известных из литературы, и о теоретических основах докладывается о подземном измерении в шахте им. Отто Брозовского в связи с специальным гравиметрическим измерением в области шахты, с целью уточнения возможностей интерпретации в одном случае. Это измерение должно было оказать помощь при локализации маломощных остатков соли. Для наглядного изображения результатов были изготовлены не только подземные карты Бугэ, профиль силы тяжести и надземная карта силы тяжести, но и картирование плотности блоков для диапазона глубины от „разензоле" (травяного слоя) — 7—ого слоя. Имелась возможность локализации дефицита масс. В данном случае это явление интерпретируется как вероятное отложение соли.

При наличии портативного гравиметра типа Вордена, можно будет в будущем решать такие проблемы еще лучше путем проведения более площадных подземных измерений в разных слоях.

Summary

A short literature review on the subject of gravimetric investigations below the surface and their theoretical bases precedes the description of such an investigation, designed to limit possibilities of interpretation in a particular case and carried out on the occasion of a special gravimetric measuring in the area of the OTTO-BROSOWSKI-mine. The latter was undertaken to contribute to the localization of thin salt remains. To give a clearer idea of the results obtained, a block density mapping of the depth invertal turf floor/7th floor was presented in addition to the BOUGUER underground map, a gravity section, and surface gravity maps. A thereby well localizable mass deficit is likely to be interpreted as a salt intercalation.

In case of the future availability of an easily portable gravimeter of the Worden type, such problems will find a still better solution by means of underground investigations covering larger areas on several floors.

Literatur

ALLEN, W.: The Gravity Meter in Underground Prospecting. — Mining Engineering **8** (1956), 3, S. 293—295.

BREMER, H.: Dichtebestimmungen aus Schachtgravimetermessungen. — Diplomarbeit an der Bergakademie Freiberg, 1957, unveröffentlicht.

BUSCH, W.: Geologischer Situationsbericht für die Durchführung geophysikalischer Arbeiten im Bereich des VEB Kupferschieferbergbau „Otto Brosowski", Gerbstedt, mit Anlagen, unveröffentlicht.

DOMZALSKI, W.: Three dimensional gravity survey. — Geoph. Prosp. **3** (1955), S. 15—55.

GILBERT, R. L. G.: Gravity Observations in a Borhole. — Nature **170** (1954), S. 424—425.

KAPZOWA, I. N.: Über die Anwendung von Gravimetern in unterirdischen Aufschlüssen zur Untersuchung von Erzlagerstätten (in russisch). — Raz. i. Ochr. Nedr (1958) 11, S. 36—40.

NETTLETON, L. L.: Determination of Density for Reduction of Gravimeter Observations. — Geophysics **4** (1939), S. 176— 183.

OELSNER, CHR.: Abschlußbericht über Gravimetermessungen im Gebiet des Otto-Brosowski-Schachtes, VEB Geophysik, 1959, unveröffentlicht.

RISCHE, H.: Dichtebestimmungen im Gesteinsverband durch Gravimeter- und Drehwaagemessungen unter Tage. — Freiberger Forschungshefte C 35, 1957.

ROGERS, G. R.: Subsurface Gravity Measurements. — Geophysics **18** (1952), S. 365—377.

WEIGEL, D.: Dichtebestimmungen aus Drehwaagemessungen unter Tage. — Diplomarbeit an der Bergakademie Freiberg, 1957, unveröffentlicht.

Setzungen und Senkungen im Baugrund

FRIEDRICH KAMMERER, Halle

Wirkt eine Kraft auf eine Masse ein, so wird diese verändert. Eine Beschleunigung der Masse ergibt sich nach dem bekannten Gesetz $b = P/m$, wenn keine Gegenkraft vorhanden ist, wenn also die angegriffene Masse keinen Widerstand leistet. Entsteht mit der Einwirkung der angreifenden Kraft gleichzeitig ein Widerstand derart, daß die beiden Vektoren der angreifenden und der widerstehenden Kraft in eine Gerade fallen und stets gleich groß, aber entgegengerichtet sind, dann entsteht infolge des Ausgleiches der äußeren Kraft keine Beschleunigung. Jedoch entstehen unter dem Einfluß der von außen angreifenden Kräfte innere Spannungen in dem beanspruchten Körper. Diese Spannungen bewirken Formveränderungen. Abb. 1 zeigt die zwei Hauptformen der Formveränderungen infolge von Druck und von Zug. Daß die Formänderungen Lageveränderungen zur Folge haben und daß sich hieraus sogar gewisse Geschwindigkeiten und Beschleunigungen ergeben, sei der Vollständigkeit wegen erwähnt. Für die praktische und ausreichend genaue theoretische Behandlung unserer Probleme kann dies im allgemeinen ohne Schaden vernachlässigt werden.

Das Verhältnis zwischen Bauwerk und Baugrund wird, von gewissen dynamischen Sonderfällen abgesehen, durch den Zusammenhang zwischen den äußeren Kräften, den Spannungen und den Formänderungen bestimmt. Dieses Verhältnis beruht auf einer weitgehenden Gegenseitigkeit. Die Bauwerkslast erzeugt im Baugrund Spannungen, die während des Baues mit wachsender Last des Bauwerkes zunehmen. Die Verteilung im Druckkörper unter den Fundamentsohlen bewirkt mit zunehmender Tiefe eine Abnahme der Spannungen. Theoretisch wirkt das Bauwerk bis in die Tiefe $t = \infty$, praktisch und für die theoretische Betrachtung genügt eine Grenztiefe, unterhalb derer der Einfluß des Bauwerkes kleiner ist als eine gewählte Ungenauigkeit.

Die Abb. 2a—e zeigen einige Beispiele dieser Grenztiefe.

Wenn kein Grundbruch eintritt, stehen die Kräfte sowie die Spannungen im Gleichgewicht, so daß Beschleunigungen nicht auftreten. Im Bauwerk selbst, das weitgehend aus praktisch elastischen Elementen besteht, folgen die Formänderungen den Spannungen im allgemeinen mit verschwindend kleinen Verzögerungen. Plastische Formveränderungen, wie sie für den Baugrund weitgehend kennzeichnend sind, benötigen eine merkliche Zeit, die von den Werkstoffeigenschaften, hier von den bodenphysikalischen Gegebenheiten, abhängen. Im Baugrund stellt sich der elastische Anteil der Formänderungen praktisch „sofort" ein. Der plastische Anteil beansprucht oft Jahre und Jahrzehnte bis zum praktischen Ende der Formänderungen; das theoretische Ende liegt, wie weiter unten gezeigt werden wird, bei $t = \infty$. Das „Abklingen" der Formänderungen bis zum praktischen Stillstand — bis nur noch der vernachlässigbare Rest der Form-

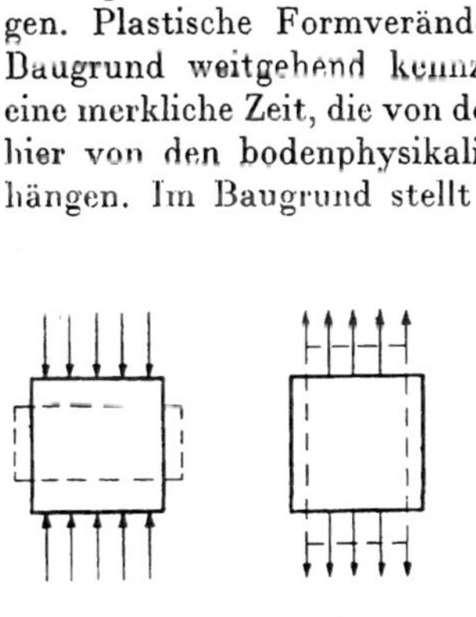

Abb. 1. Formänderung infolge Spannung

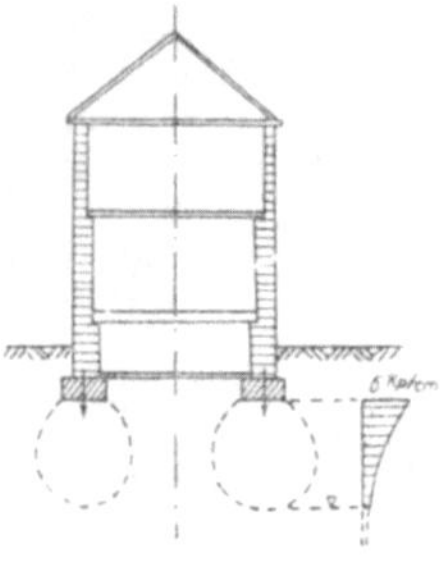

Abb. 2a. Zweistöckiges Wohnhaus mit Streifenfundamenten, „Druckbirnen" reichen nur wenige Meter unter die Fundamentsohle hinunter.
σ = Bodenpressung in der Fundamentsohle
∇ = „Endteufe" des Baugrundes

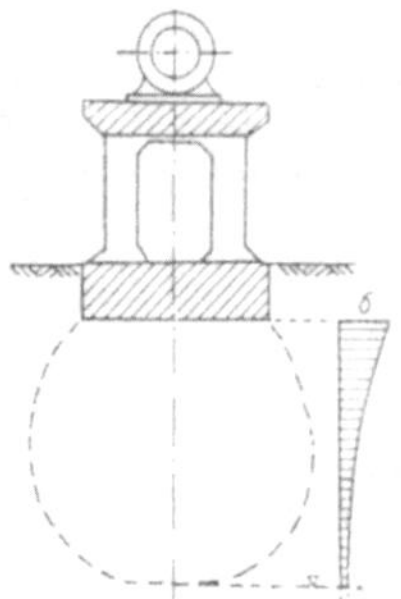

Abb. 2b. Turbinenfundament, große Last konzentriert wirkend auf Grundplatte. Druckbirne reicht erheblich tiefer; zusätzliche Dynamik!

änderungen bleibt — ist eine der wichtigsten Untersuchungen der Bodenmechanik. Es ist dies die „Setzung" des Bauwerkes. Mit diesem Begriff wird anschaulich die Bewegung gekennzeichnet, die den Ruhezustand zum Ziel hat.

Wenn das Bauwerk den Baugrund durch seine Last verändert, so wirkt der Baugrund wiederum auf das Bauwerk ein. Die Literatur bringt hierzu gute Darstellungen, insbesondere KÖGLER & SCHEIDIG 1948. Sind die Lasten gut verteilt und ist der Baugrund gleichmäßig, so ergibt sich eine einigermaßen gleichmäßige Setzung; das Bauwerk geht als Block lotrecht abwärts, ohne Schaden zu nehmen. Unregelmäßigkeiten in der Lastenverteilung, Ungleichmäßigkeiten im Baugrund erzeugen Setzungsunterschiede. Spannungsänderungen in der Fundamentsohle sind die Folge, die sich in das Bauwerk fortsetzen. „Zusatzspannungen" in den tragenden Elementen des Bauwerkes entstehen.

gering ist, daß sie dem Bauwerk und seinem Zweck nicht schadet.

In dieser Einleitung wurde viel Altbekanntes gebracht, das aber zum Verständnis des Folgenden notwendig ist.

Es gibt außer den Formänderungen im Baugrund als Folge des Aufbringens der Bauwerkslast auch Veränderungen im Erdreich, die vom Bauwerk unabhängig, gewissermaßen „autark" sind. Aus dem oben geschilderten ergab sich eine „Endteufe" des Baugrundes, unter der die Formänderungen vernachlässigbar klein sind. Diese Endteufe ist, wie die Beispiele der Abb. 2a—e zeigten, hauptsächlich von den Lasten und Abmessungen des Bauwerkes abhängig und ist für die richtige Baugrunduntersuchung wichtig; sie erscheint daher auch in einschlägigen Formeln der DIN 1054. Wir beziehen daher den Begriff „Baugrund" nur auf diesen Druckbereich unter dem Bauwerk. Darunter folgt der vom Bauwerk nicht mehr nennenswert beeinflußte „Untergrund". Leider wird diese notwendige Trennung der Begriffe etwas gestört durch die Bezeichnung „Straßenuntergrund". Dieser ist in Wirklichkeit der „Bauuntergrund" des Straßenkörpers, der vom Unterbau und Tragschicht mit Fahrbahn sowie den statischen und dynamischen Verkehrslasten Spannungen erfährt und durch Setzungen verändert wird. Eigenveränderungen vermag allerdings der Straßenuntergrund durch den bekannten Einfluß des Frostes zu leisten.

Eigenveränderungen des Untergrundes unter Bauwerken können natürliche und künstliche Ursachen haben. Wir betrachten zunächst die künstlichen. Den größten Anteil hat der Bergbau, der im tieferen Untergrund Aushöhlungen schafft und das hangende Gebirge seiner natürlichen Stütze beraubt. Das Nachgeben des hangenden Gebirges, das sich bis zur Erdoberfläche

Ist das gesamte Bauwerk so dimensioniert, daß die Spannungen zusätzlich aufgenommen werden können, ohne daß Zerstörungen oder unzulässig große Formänderungen entstehen, ist diese Ungleichmäßigkeit der Setzung unschädlich. Wie es kein Bauwerk ohne Setzung gibt — auch der festeste Fels gibt nach —, so gibt es auch keine absolut gleichmäßige Setzung. Schon die Ausbreitung der Spannungen im Halbraum des Baugrundes sorgt für eine unvermeidliche Ungleichmäßigkeit. In der Praxis darf man selbstverständlich trotzdem von einer „Gleichmäßigkeit" sprechen, wenn die Ungleichmäßigkeit so

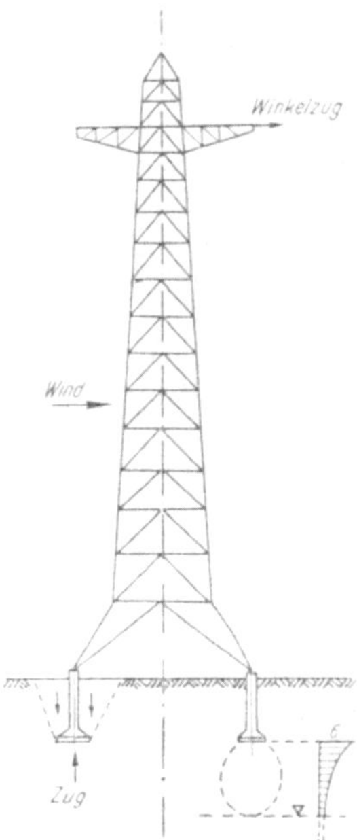

Abb. 2c. Hohes turmähnliches Bauwerk: Leitungsmast einer Stromüberquerung, leichtes Stahlfachwerk mit Pilzfundamenten, Druckbirne geringer Ausdehnung

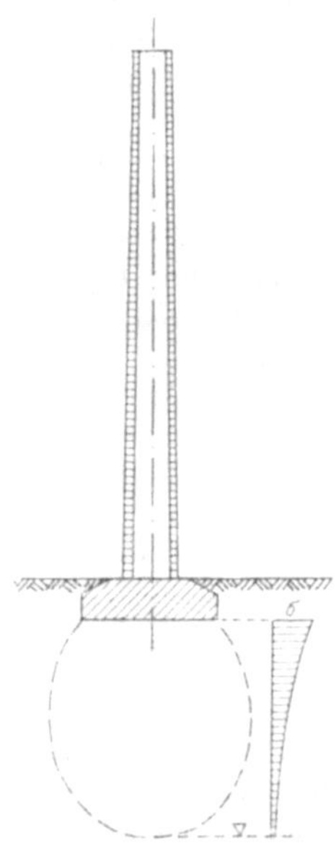

Abb. 2d. Turmähnliches Bauwerk: massiver Schornstein von 100 m Höhe auf Grundplatte über gutem Baugrund, Gesamtgewicht rd. 5000 t, ausgedehnte Druckbirne

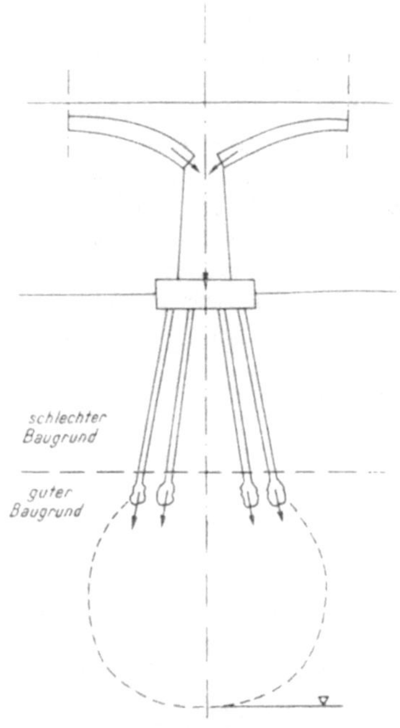

Abb. 2e. Zwischenpfeiler eines Viaduktes: Pfahlgründung durchfährt schlechten Baugrund und steht in oberer Zone des guten Baugrundes, ausgedehnte Druckbirne, die Endteufe liegt in großem Abstand von der Geländeoberkante

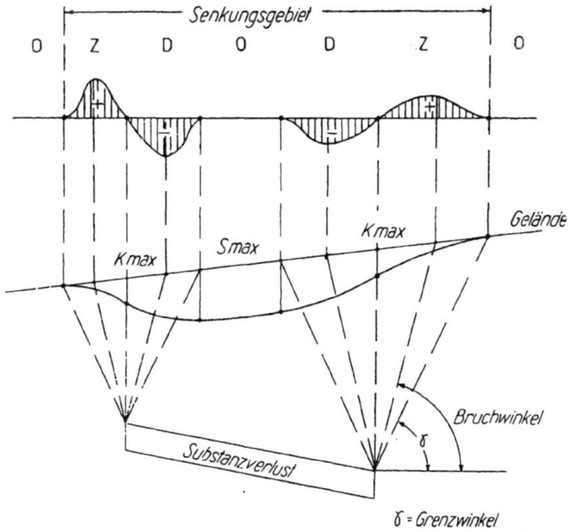

Abb. 3. Bereiche horizontaler Bodenspannungen
Z = Zug, Zerrungszone, D = Druck, Pressungszone, O = spannungsfrei, s_{max} = größte Senkung, k_{max}-größte Kippung

fortsetzt, führt dort zu den bekannten Bergschäden. Es genüge hier der Hinweis auf die reiche einschlägige Literatur, z. B. NIEMCZYK (1949) und LUETKENS (1957) sowie die Internationale Gebirgsdrucktagung (1958). Die lotrechten Veränderungen der Geländeoberfläche sind fast durchweg abwärts gerichtet. Man bezeichnet diese als „Senkungen". Der Unterschied zwischen Setzungen und Senkungen liegt in der Beteiligung des betroffenen Bauwerkes; im Falle der Setzungen ist das Bauwerk „aktiv" durch seine Last, im Falle der Senkungen ist es „passiv", es folgt nach.

Beide Erscheinungen haben jedoch viele Ähnlichkeiten. Die Ungleichmäßigkeit der lotrechten Veränderungen führt etwa zu den gleichen Folgen, wie sie bei den Setzungen geschildert wurden. Hierzu kommen als wesentliche, manchmal sogar entscheidende „Zugabe" Zerrungen und Pressungen, also horizontal wirkende Spannungen sowie die Schiefstellungen. Abb. 3 zeigt die in der Literatur oft erwähnte „Senkungsmulde" mit den wesentlichen Erscheinungen. In Abb. 4 sind einige Setzungs- oder Senkungsfolgen im Prinzip dargestellt. Auf die Folgen von Zerrungen und Pressungen und auf weitere bemerkenswerte Einzelheiten hier einzugehen, würde den Rahmen der Abhandlung sprengen. Eine weitere sehr wichtige Ähnlichkeit zwischen Setzungen und den bisher behandelten Senkungen ist das „Abklingen". Auf dieses wird hier kurz eingegangen, ohne daß die einzelnen Ableitungen und eine Reihe von nützlichen Weiterentwicklungen gebracht werden können. Diese sollen in einer ausführlichen Abhandlung folgen.

Das Abklingen beginnt, sobald — bei Setzungen des Baugrundes — das Bauwerk fertig ist, wenn dieses also mit praktisch konstanter Last den Baugrund preßt. Beim Bergbau beginnt das Abklingen mit dem Stillstand der unterirdischen Veränderungen. Im Jahre 1957 hatte der Verfasser einige ingenieurgeologische Gutachten für Neubaupläne von Wohnhäusern und industriellen Anlagen in der Stadtflur Staßfurt abzugeben. Die Stadt war bekanntlich durch recht beträchtliche Bergsenkungen beansprucht worden, worauf hier nicht näher eingegangen werden kann. Es war die entscheidende Frage nach den Restsenkungen und ihrer Ungleichmäßigkeit (Verkrümmung) zu beantworten. Erfreulicherweise lagen reichhaltige nivellitische Beobachtungen der Markscheiderei des örtlichen Kalibergbaues vor. Diese boten die einzige, aber gute Möglichkeit, die entscheidende Frage zu beantworten. Der Verfasser ging von der Annahme aus, daß die Senkung nach dem Gesetz abklingt:

$$v = v_A \cdot \frac{y}{s_E}$$

Die jeweilige Geschwindigkeit v wird proportional angenommen der „Anfangsgeschwindigkeit" v_A und dem Verhältnis zwischen restlicher (künftig noch geschehender) Senkung y und der Gesamtsenkung bis zum Ruhestand s_E. Abb. 5 zeigt das Prinzip dieses Vorganges. Da man die Geschwindigkeit als erste Ableitung der Funktion $y = f(t)$ schreiben kann, erhält man

$$v = \frac{dy}{dt} = v_A \cdot \frac{y}{s_E}$$

Die einfachste Lösung dieser Differentialgleichung ist

$$y = y_0 \cdot e^{-\alpha t}$$

Diese e-Funktion mit negativem Exponenten ist kennzeichnend für viele physikalische, chemische, biologische und andere Vorgänge, die eine abklingende Tendenz haben (gedämpfte Schwingungen, Wärmeausgleich, elektrische Entladungen usw.). Inzwischen ist diese Funktion auch in der Literatur erschienen: Internationale Gebirgsdrucktagung 1958, DORSCHNER 1958.

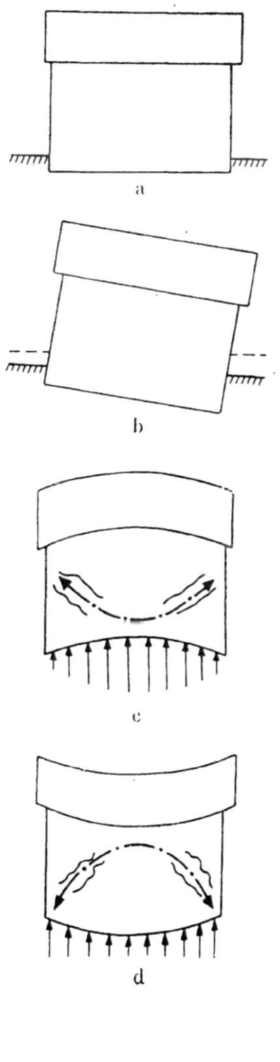

Abb. 4. a—Setzung gleichmäßig, kein Schaden; b—Kippung, Gebäude minderwertig bis unbrauchbar, Statik gestört; c—Ungleichmäßige Setzung, charakteristische Risse, „Sattellage", „Stützlinie" konkav; d—Ungleichmäßige Setzung „Wannenlage", „Stützlinie" konvex

Wenn man mit BRIGGSschen Logarithmen rechnen will, kann man auch die Gleichung verwenden:

$$y = y_0 \cdot 10^{-\beta t}$$

wobei das Verhältnis zwischen α und β in bekannter Weise gegeben ist durch

$$\alpha : \beta = \ln 10 = 2{,}3026$$

Zur Bestimmung der Funktion genügen theoretisch drei Punkte. Man wird häufig über wesentlich mehr Beobachtungen verfügen und gleicht die Beobachtungsfehler und durch andere Ursachen herbeigeführten Unregelmäßigkeiten durch eine vermittelnde Kurve aus. In dieser Kurve bestimmt man die drei Punkte. Eine wesentliche Vereinfachung für die Rechnung ergibt sich durch eine Wahl von drei Punkten mit gleichen Zeitabständen Δt, wie es in Abb. 6 gezeigt wird. Vom Meßhorizont ausgehend, ist die Setzungskurve aufgetragen. Eine Hilfsabszisse durch den ersten der drei Bestimmungspunkte erleichtert die weitere Arbeit. Die in der gleichen Abb. gezeichnete Asymptote ist noch nicht bekannt. Sie wird gesucht und durch die nachfolgende Rechnung unmittelbar gefunden. Die Asymptote kennzeichnet das theoretische Ende des abklingenden Vorganges bei $t = \infty$. Es ist nicht erforderlich, den Exponentialfaktor $= \alpha$ zu berechnen. Die Asymptote wird erhalten durch die sehr einfache Gleichung:

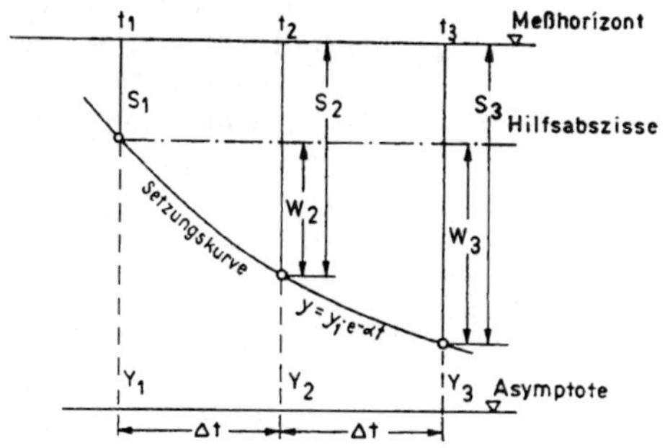

Abb. 6. Kurve für die Berechnung der Setzungsgeschwindigkeit

$$y_1 = \frac{W_2^2}{2\,W_2 - W_3}$$

Die Ableitung ist nicht schwierig, sie wird zur Raumersparnis hier fortgelassen und wird in der obenangekündigten Abhandlung nachgeholt werden. Es sei jetzt schon bemerkt, daß die Subtangente ein wertvolles und leicht zu handhabendes Hilfsmittel für weitere Berechnungen und für die graphische Darstellung der Funktion ist.

Im Falle Staßfurt ergaben sich Restsenkungen (bis $t = \infty$) in der Größenordnung von 1—3 cm und mit einer Ungleichmäßigkeit, die geringere Verkrümmungen erzeugt, als sie für die mehrstöckigen Neubauten in normaler Ausführung tragbar sind. Ein städtebaulich günstiger Standort konnte freigegeben werden; kostspielige Sicherungen wurden zugunsten vermehrten Wohnungsbaues eingespart. Selbstverständlich wurden vorhandene Bauwerke in der Umgebung auf Bergschäden untersucht, diese wurden im Zusammenhang mit dem Alter der Bauwerke analysiert.

Diese Methode der Senkungsprognose aus meßtechnischen Beobachtungen wurde auf die Prognose von Setzungen ausgedehnt zur Prüfung der Vorgänge an schweren und empfindlicheren Bauwerken. Die 100 m hohen Schornsteine eines im Bau befindlichen Werkes erhielten, sobald die Blockfundamente fertig waren, je 4 Höhenmeßbolzen. Diese wurden im Grundriß in den Ecken eines Rechtecks angeordnet, das dem Grundkreis des Schornsteins eingeschrieben ist. Das Nivellement wurde zwar mit einfachem Instrumentarium, aber trotz verschiedener Störungen durch den Baufortschritt sehr sorgfältig von dem örtlichen Ver-

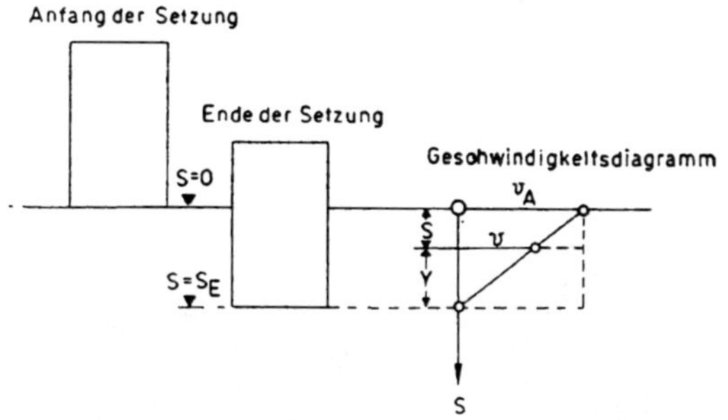

Abb. 5. Prinzip des Senkungsvorganges

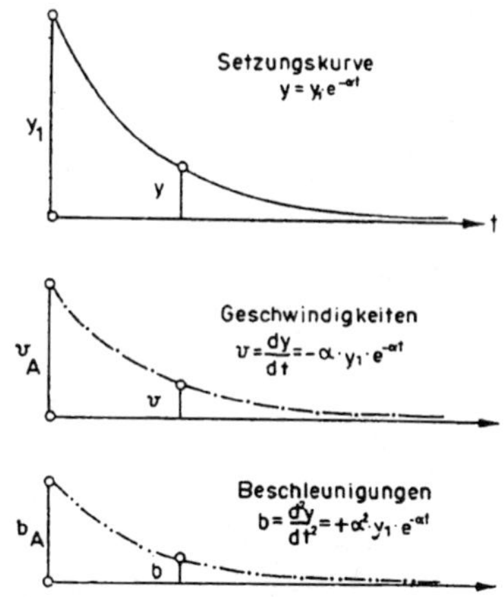

Abb. 7. Zum Anschaulichmachen der Ähnlichkeit wurden die Diagramme mit ihren Absolutwerten dargestellt

messungsingenieur ausgeführt. Die Setzungen des im allgemeinen gut tragfähigen Baugrundes wurden durch einige wechselnde Schichtmächtigkeiten bei einem Schornstein etwas ungleichmäßig. Bei drei Schornsteinen blieben die Setzungen unter den bei der Baugrunduntersuchung berechneten Werten (VEB Baugrund Naumburg). Bei einem Schornstein zeigte die Auswertung der Messungen durch den Verfasser, daß eine geringe Überschreitung zu erwarten sei. Nach dem oben stark gekürzt mitgeteilten Verfahren wurde die Prognose der Setzungen ermittelt. Gewisse Setzungsunterschiede in der Bolzenhöhe wurden ausgewertet, um auch die Neigung der Schornsteinachse nach Größe und Richtung zu prüfen. Für den Endzustand $t = \infty$ ergaben sich keine irgend bedenklichen Werte. Die waagerechte Lageänderung des Schwerpunktes bleibt endgültig unter 1% des Fundamentdurchmessers. Die bei dieser Gelegenheit entwickelten kinematischen Verfahren können hier nicht wiedergegeben werden; auch diese werden später veröffentlicht werden.

Diese beiden Beispiele zeigen das Gemeinsame von Senkungen und Setzungen, sobald die Gegebenheiten zu einem Abklingen führen: Bergbau beendet (Staßfurt), Bauwerklast steht (Werkschornstein). Bei der Schornsteinuntersuchung wurde ferner die Methode weiter entwickelt, die „Störung" der Setzungskurve durch die während des Baues wachsende Last zu berücksichtigen. Ferner wurde nachgewiesen, daß die Geschwindigkeit und die Verzögerung wie auch die weiteren Ableitungen ebenfalls abklingende Tendenz haben. Abb. 7 zeigt in drei Diagrammen die Setzungskurve, die Geschwindigkeitskurve und die Beschleunigungskurve. Die Ähnlichkeit ist sichtbar, die beigefügten Formeln beweisen die Ähnlichkeit, die auf dem Verbleib der e-Funktion in allen Ableitungen beruht.

Die Prognose des Abklingens wird vom Verfasser zur Untersuchung der Setzungstendenz einer frischen, außergewöhnlich großen Tagebaukippe angewendet werden, die in Kürze von einer Eisenbahnlinie überquert werden soll. Die gewonnenen Erkenntnisse dienen nicht nur der notwendigen Sicherung, sondern auch einer wirtschaftlich möglichst günstigen Planung.

Sehr unregelmäßige Veränderungen liegen in Senkungsgebieten vor, die unter natürlichen Schwächen des tieferen Untergrundes leiden. Wasserlösliche Gesteine, besonders im Zechstein — Steinsalz und Gips —, ferner im Oberen Buntsandstein, im Mittleren Muschelkalk und im Mittleren Keuper, schwinden bei Grundwasserbewegung. Diese Ablaugung bzw. Auslaugung führt zum Nachsinken des hangenden Gebirges. Die Erdoberfläche folgt dieser Veränderung. Der Verfasser muß sich auf diese äußerst zusammenfassende Schilderung beschränken. Der Vorgang ist wesentlich schwerer zu klären als die Senkungen infolge des Bergbaues. Bei diesem kennt man den „Substanzschwund" nach seinen Dimensionen, seiner Lage im Halbraum unter dem Gelände und nach der zeitlichen Abwicklung. Weitgehend bekannt sind auch die geologischen Verhältnisse und die geomechanischen Gegebenheiten. Dazu kommen meist langjährige Erfahrungen unter etwa gleichen Voraussetzungen. Dies ermöglicht eine hohe Genauigkeit und eine Prognose, die sich an bedeutende und empfindliche bauliche Komplexe heranwagen kann. Der Ingenieurgeologe, der in Gebieten mit aktiven natürlichen Schwächen arbeitet, muß auf viele Voraussetzungen verzichten und hauptsächlich durch gründliche Beobachtungen aller Veränderungen reichlich Material für die notwendigen Prognosen zusammentragen. Zur Meßtechnik gehören Höhenmessungen mit Nivellier- und Schlauchwaage, Neigungsmessungen (Modelle Erdeborn und Rollsdorf), kombinierte Messungen einschließlich Längenänderungen (Modell Karsdorf u. a.). Über die genannten Modelle liegt bisher nur die Veröffentlichung KAMMERER 1958 vor. Bei der Auswertung von gemessenen Veränderungen ist die Ermittlung von Geschwindigkeiten und Beschleunigungen sehr aufschlußreich. Die Geophysik, die Seismik und andere Zweige der Naturwissenschaften unterstützen den Ingenieurgeologen. Das modernste Rüstzeug ist notwendig, um an die schwer zugänglichen Probleme näher heranzukommen. Die Wirtschaftlichkeit setzt begreiflicherweise Grenzen. Untersuchungen, deren Kosten diejenigen des Baues großer bautechnischer Sicherungen oder gar der Verlegung von Dörfern, Verkehrslinien usw. erreichen oder gar überschreiten, wären volkswirtschaftlich verfehlt. Über die Zusammenhänge muß der gewissenhafte Ingenieurgeologe im Einvernehmen mit anderen Beteiligten Überlegungen anstellen. Auf der Aktivseite dieses „Kontos" steht außer dem wirtschaftlichen Erfolg die wahrheitsgetreue und dadurch beruhigende Aufklärung der Bevölkerung in den betroffenen Gebieten. Volkswirtschaftlich wichtig ist der Gewinn bebaubaren Raumes in ausgedehnten Senkungsgebieten mit möglichst geringen Kosten für die notwendigen zusätzlichen Sicherungen.

Der wesentliche Unterschied zwischen den Senkungen aus künstlicher Schwächung des Untergrundes durch den Bergbau und den Senkungen infolge aktiver natürlicher Schwächen des Untergrundes liegt im zeitlichen Verlauf. Die Aktivität der natürlichen Schwächen hält im allgemeinen an. Ein Abklingen ist daher leider oft nicht gegeben. Vielmehr sind Unregelmäßigkeiten, ein gewisses Fluktuieren zu beobachten. Abb. 8 zeigt eine derartige Kurvencharakteristik aus dem Raum Erdeborn. Die Unregelmäßigkeiten sind zwar naturgesetzlich eindeutig gegeben, die Zusammenhänge entziehen sich aber der Erforschung zur Zeit noch weitgehend. Die in nunmehr fünfjähriger Arbeit im Raum der Mansfelder Seen und bevorzugt in Erdeborn und einigen anderen Orten gewonnenen Erfahrungen liegen in einer umfangreichen Sammlung vor und werden ständig ausgewertet. Weitere Erkundungen und Auswertungen sind geplant, da die Ergebnisse für die Bauplanung und für die Instandhaltung vorhandener Werte wertvolle Unterlagen liefern.

Die vorerwähnten Untersuchungen sind nicht zuletzt wichtig für die Herstellung ingenieurgeologischer Übersichtskarten. Bei der Darstellung der Zonen mit den geologisch gegebenen natürlichen Schwächen im tieferen Untergrund ist eine Auslegung erforderlich, welchen Veränderungen in Zukunft das Gelände unterworfen sein wird. Hierauf näher einzugehen, ist im Rahmen dieser Abhandlung nicht möglich. Es wird dies Aufgabe einer besonderen Veröffentlichung sein.

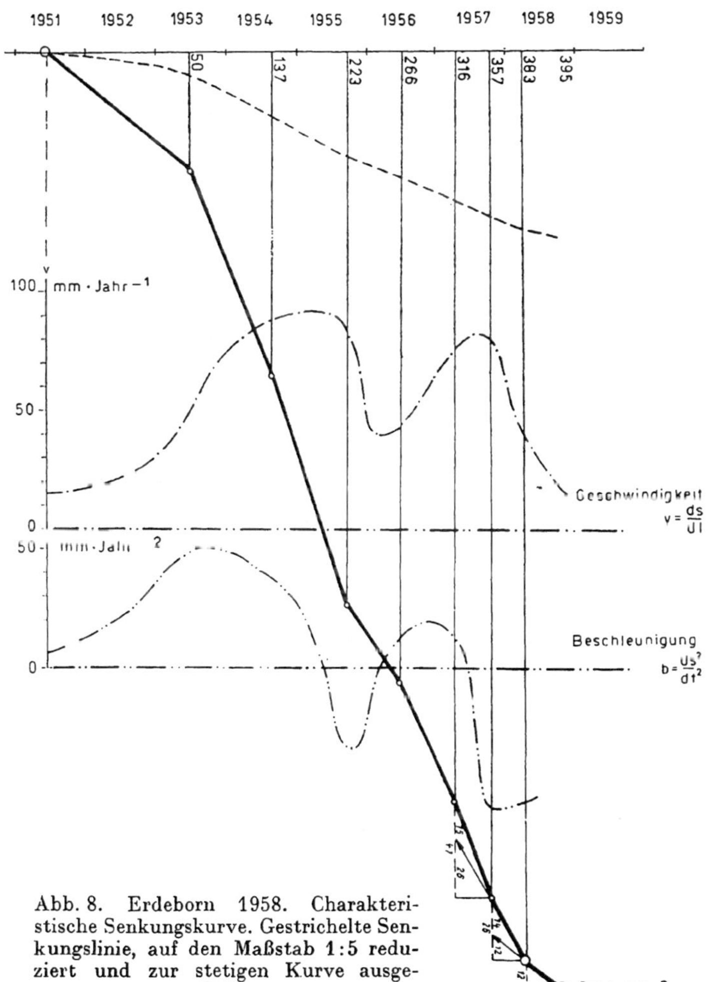

Abb. 8. Erdeborn 1958. Charakteristische Senkungskurve. Gestrichelte Senkungslinie, auf den Maßstab 1:5 reduziert und zur stetigen Kurve ausgeglichen

Zusammenfassung

Ausführlich wird der Unterschied zwischen Setzungen, bei denen das Bauwerk „aktiv" wirkt, und Senkungen, in denen es infolge wasserlöslicher Gesteine „passiv" reagiert, klargelegt. Formeln und Meßmethoden werden angegeben und Arbeitsergebnisse aus dem Senkungsgebiet der Mansfelder Seen mitgeteilt. Durch eine Senkungsprognose soll der Ingenieurgeologe nicht nur die Unterlagen für die nötige Sicherung der Bauwerke, sondern darüber hinaus auch für eine möglichst günstige wirtschaftliche Planung liefern.

Резюме

Подробно описывается разница между оседанием пластов строительного грунта под «активным» воздействием строения и («пассивным» воздействием) вследствие природного выщелачивания водорастворимых горных пород. Приводятся формулы, методы измерений и результаты работ, проведенных в области оседания в районе Мансфельдских озер. Прогноз оседания пластов строительного грунта должен (инженеру-геологу) не только помочь обеспечить прочность строений, но и служить основой при планировании строительства.

Summary

The difference between settings, at which the construction becomes active, and sinkings, at which it reacts in a passive manner because of the rocks soluble in water being leached naturally, is elucidated explicitly. Formulas and measuring methods are outlined and work results from the sinking area of the Mansfeld lakes are reported. The engineer geologist has the task to supply by means of a prognosis of the sinking not only the measures necessary for securing the constructions but further also the data for obtaining a most favorable economic planning.

Literatur

BENDEL, L.: Ingenieurgeologie. — Bd. 1, 1944; Bd. 2, 1948, Springer-Verlag, Wien.

DORSCHNER, E.: Setzungserscheinungen an Tagebaukippen. — Freiberger Forschungsh. A 96, Akademie-Verlag, Berlin 1958.

HÜTTE: Des Ingenieurs Taschenbuch. — I. Bd. 1955, III. Bd. 1951, Verlag Wilhelm Ernst u. Sohn, Berlin.

JUBITZ, K. B.: Die Trias Ostthüringens als Rohstoffbasis. — Exkursion 13 des Exkursionsführers Thüringer Becken, Jahrestagung d. Geol. Ges. in der DDR (unter kollektiver Mitwirkung von J. POMPER, H. VOGT, F. KAMMERER), Akademie-Verlag, Berlin 1959.

KAMMERER, F.: Neigungsmessungen in Erdeborn. — Freiberger Forschungsh., C 45, Akademie-Verlag, Berlin 1958.

KEIL, K.: Ingenieurgeologie und Geotechnik. — 2. Aufl., VEB Wilhelm Knapp-Verlag Halle (S.) 1954.

KÖGLER, F. & A. SCHEIDIG: Baugrund und Bauwerk. — Verlag Wilhelm Ernst u. Sohn, Berlin 1948.

LUETKENS, O.: Bauen im Bergbaugebiet. — Springer-Verlag, Berlin-Göttingen-Heidelberg 1957.

NIEMCZYK, O.: Bergschadenkunde. — Verlag Glückauf, Essen 1949.

REDLICH, K. A., K. v. TERZAGHI & R. KAMPE: Ingenieurgeologie. — Springer-Verlag, Wien und Berlin 1929.

TERZAGHI, K. v. & O. K. FRÖHLICH: Theorie der Setzung von Tonschichten. — Verlag Franz Deuticke, Leipzig-Wien 1936.

TERZAGHI, K. v. & R. JELINEK: Theoretische Bodenmechanik. — Springer-Verlag, Berlin-Göttingen-Heidelberg 1954.

HOYNINGEN-HUENE, E. v.: Salztektonik und Auslaugung im Gebiet der Mansfelder Seen. — Freiberger Forschungsh. C 56, Akademie-Verlag, Berlin 1959.

Internationale Gebirgsdrucktagung Leipzig, Abh. dtsch. Akad. Wiss. Berlin. Akademie-Verlag, Berlin 1958.

Das „Mohole"-Projekt

RUDOLF MEINHOLD, Freiberg (Sa.)

Die geophysikalische Erkundung hat einen Schichtaufbau der Erdkruste und des Mantels wahrscheinlich gemacht, über die physikalische Natur dieser Schichten besteht allerdings noch wenig Klarheit. Auf Grund der seismischen Geschwindigkeiten wird die unter der Sedimenthaut folgende Schicht mit 5,3 bis 6 km/s als „Granitschicht" bezeichnet, auf welche die „Basaltschicht" mit bis 7 km/s Geschwindigkeit folgt. An der darunter folgenden Mohorovičić-Diskontinuität, mit der man den Erdmantel beginnen läßt, springt die Geschwindigkeit auf 8,1 km/s. Als Material des Mantels wird „Peridodit" angenommen.

Die Mohorovičić-Diskontinuität liegt unter den Kontinenten mindestens 25 km tief, oftmals beträchtlich tiefer. In den Ozeanen jedoch kann man nach seismischen Messungen die „Moho-Schicht" bereits in 10 km Tiefe erreichen.

Die Erfolge der Erdölbohrtechnik haben dazu ermutigt, ernsthaft eine Bohrung bis in den Erdmantel zu projektieren. Die Erdölbohrungen haben fast 7,5 km Tiefe erreicht; man ist der Ansicht, daß innerhalb von 4 Jahren die technischen Voraussetzungen geschaffen sind, um 10 km zu erreichen. Bereits im Jahre 1958 wurde seitens der Akademie der Wissenschaften der USA eine Kommission beauftragt, das Projekt zu studieren. Diese hat unterdessen mehrere Örtlichkeiten für solch eine Bohrung vorgeschlagen. Als aussichtsreichste gilt ein Gebiet zwischen den Clipperton- und Guadalupe-Inseln westlich von Mexiko. Die Kommission hat auch bereits ein technisches Projekt ausgearbeitet, über das in mehreren Fachzeitschriften berichtet wurde (z. B. LAMBERT 1959). Das Projekt soll in 3 Phasen ablaufen.

1. Entwicklung eines Bohrschiffes für Arbeiten im tiefen Wasser. Für geringere Wassertiefen ist das Problem bereits gelöst, von verankerten Schiffen aus Bohrungen bis 3500 m Tiefe niederzubringen. Etwa 500 Bohrlöcher wurden mit dieser Technik bereits hergestellt (GUINN 1959). Durch eine Reihe von Versuchsbohrlöchern ist die Bohrlochkonstruktion und die Bohrmethode zu erkunden (Rotary, Turbobohren) und das Kernverfahren. Ein Loch von 6000 m sollte in dieser Phase bereits Proben aus dem unteren Teil der Erdkruste bringen.

2. Die in Phase 1 gesammelten Erfahrungen dienen dazu, ein geeignetes Schiff für übertiefe Bohrungen zu konstruieren und zu bauen.

3. Nachdem einige Versuchsbohrungen in tiefem Wasser niedergebracht sind, wird schließlich das Bohrloch von 10 km Tiefe in Angriff genommen, die Ergebnisse bearbeitet und veröffentlicht.

Phase 1 ist Mitte 1959 begonnen worden. Die Gesamtkosten werden auf 15 Millionen $ geschätzt. Ein vollständiger und orientierter Kern ist vorgesehen.

Die Schwierigkeiten liegen besonders darin, die Schiffsposition genügend stabil zu halten und außerdem Bohreinrichtungen zu schaffen, welche die noch verbleibenden Schiffsbewegungen kompensieren, ferner im Problem, in großen Tiefen zu kernen. Dafür sind Seilkerngeräte zu entwickeln.

Die hohen Drücke in 4000 m Wassertiefe, Schaffung von Betonbasen am Meeresgrund für den oberen Abschluß der Bohrung, geeignete Spülung, korrosionsfeste Verrohrungen u. a. sind weitere Probleme.

Eine solche Bohrung, wie sie das „Mohole"-Projekt vorsieht, wäre für die Geologie von unschätzbarem Wert. Man bekäme einen vollen Kern aus den ozeanischen Sedimenten, die man datieren könnte, man bekäme Vorstellungen über Sedimentgeschwindigkeiten, Geochemie und Petrographie tiefozeanischer Ablagerungen und könnte auf die Frage der Permanenz der Ozeane einige Antworten geben. Man bekäme auch endlich eine klarere Vorstellung über die Natur der Gesteine des Erdmantels und der Erdkruste, man könnte ihre physikalischen Parameter am Kern messen und Material für die Auswertung geophysikalischer Messungen erhalten, was sich wieder fruchtbar auswirken wird auf unsere geotektonischen Vorstellungen. Schließlich hätte auch die Technik einen großen Nutzen von dem Projekt, besonders die Erdölbohrtechnik, die ja mit ihren Geräten immer weiter in die Meere vorrückt und die auf diese Weise wertvolle Erfahrungen über Bohrungen in tiefem Wasser und in großen Teufen erhalten würde.

Man rechnet deshalb damit, daß sich die Erdölindustrie stark an der Finanzierung beteiligen wird, größere Angebote liegen bereits vor.

Literatur

LAMBERT, D. E.: Can the earth's crust be penetrated? — World Oil V. 149 (1959), Nr. 5, Oktober, S. 128—131.

GUINN, D.: How to drill and complete wells on the ocean floor. — World Oil, V. 149 (1959), Nr. 5, Oktober, S. 108—115.

Die wirtschaftliche Bedeutung der Eisenerzgrube Karl in Geislingen (Württemberg)

GÜNTER PRATZKA, Berlin

Die Grube Karl/Staufenstolln ist heute eine der modernsten Bergwerksanlagen in Westdeutschland. Von den zahlreichen Eisenerzgruben, die früher in Württemberg unterhalten wurden, ist sie der einzige Betrieb, der heute noch den Anforderungen der Wirtschaft nachkommen kann.

Allgemeine Geologie

Die Grube, die nach den beiden Aufschlüssen, dem Karl- und dem Staufenstolln benannt ist, liegt im Tal der Fils an der Straße von Geislingen-Altenstadt nach Bad Ueberkingen. Abgebaut wird eine oolithische Brauneisenerzlagerstätte der Schwäbischen Juraformation. Die Mächtigkeiten der Juraschichten betragen:

Malm rd. 200 m
Dogger „ 225 m
Lias „ 90 m

Die Lagerstätte, eine vererzte Schalentrümmerbank der Personaten-Schichten, liegt im Dogger ß, der eine Mächtigkeit von 52 m hat. Vom 1,6 bis 3,5 m mächtigen Erzlager sind nur 1,8—2,5 m wirtschaftlich interessant. Das Erzlager fällt mit 2—3° nach SO ein. Im Lager läßt sich eine rd. 600 m breite Konzentrationszone mit Fe-Gehalten zwischen 30 und 38% ausscheiden. Nach NW und SO wurde eine Zunahme des SiO_2-Gehaltes festgestellt. Im allgemeinen sind die Baufelder frei von größeren geologischen Störungen. Einzelne, im SW der Lagerstätte auftretende Störungen führten zu einer Begrenzung der Abbaulängen von 500 auf 220 bis 250 m. Klüfte im Lager sind mit Kalkspat verheilt. Die oolithischen Brauneisenerze sind in ihrer Struktur den lothringischen Minetteerzen ähnlich. Die Oolithe, die aus einem Quarzkern und dem konzentrisch angelagerten Brauneisenerz bestehen, haben einen Durchmesser von 0,5 bis 1,0 mm.

Wirtschaftliche Faktoren

In der Aufbereitung wird das Roherz nicht angereichert, sondern nur gebrochen. Versandt wird zur Oberhausen- und Thyssenhütte ein Stückerz von 40 mm Durchmesser. Das Feinerz unter 10 mm wird abgesiebt und damit die Hütte in Essen-Bohrbeck beliefert. Ferner verlangen sämtliche württembergischen Zementwerke zur Herstellung eines dunklen Zementes Feinerz. Zement mit 6% Fe wird bei Bauten, die dem Einfluß aggressiver Wässer ausgesetzt sind, verwandt.

Das Versanderz hat folgende Zusammensetzung: 34,0% Fe, 20,0% SiO_2, 6,0% CaO, 6,0% Al_2O_3, 0,4% P, 0,4% Mn, 7,0% H_2O.

Da die Hüttenwerke des Ruhrgebietes die Verarbeitung von Eisenerzen mit 30% Fe und ca. 30% SiO_2 ablehnten, mußten verschiedene Bergwerksanlagen, deren Lagerstätten bei diesen Anforderungen in geologischer Hinsicht unwirtschaftlich waren, stillgelegt werden. So mußte der Abbau der Bohnerze mit ca. 23% Fe, ca. 20—22% SiO_2 und 11% $CaCO_3$ eingestellt werden, da sich die Erze trotz zahlreicher kostspieliger Versuche nicht wirtschaftlich anreichern ließen.

Aufbereitungsversuche am Erz der Grube Karl ergaben Konzentrate mit 46% Fe. Die entsprechenden Aufbereitungsverfahren konnten ebenfalls aus wirtschaftlichen Gründen nicht eingeführt werden. Die Bohnerze waren in früheren Jahrhunderten die Grundlage einer blühenden Eisenindustrie in Baden-Württemberg (NAUMANN).

Die Grube Karl ist die einzige Eisenerzgrube, die heute in der Schwäbischen Alb noch in Betrieb ist. Ihre Förderung beträgt nur etwa 2,5% der gesamten Eisenerzförderung Westdeutschlands. Es muß interessant sein, hier die geologischen und betrieblichen Verhältnisse näher kennenzulernen, denn diese Faktoren bestimmen u. a. die Konkurrenzfähigkeit des Betriebes in der kapitalistischen Wirtschaft.

Eisenerzförderung:

Jahr	Bundesrepublik	Süddeutschland	Württemberg
1913	7,5 Mio t (ohne Lothr.)	0,5 Mio t ca.	15000 t
1936	14,8 Mio t	1,2 Mio t ca.	145000 t (nur Grube Karl)
1953	15,1 Mio t	1,8 Mio t ca.	360000 t (nur Grube Karl)

Von 1935 bis 1954 wurden auf der Grube Karl/Staufenstolln rd. 6,8 Mio t Eisenerz gefördert. Zur Zeit beträgt die Monatsförderung 35—40000 t. Die Betriebsanlage wurde für eine Monatsförderung von 100000 t gebaut. E-Lok-Förderung und Doppelstollen ermöglichen einen zügigen Rundbetrieb.

Durch geologische Untersuchungsarbeiten (Neuaufschlüsse durch Strecken und OT-Bohrungen) wurden in den letzten Jahren etwa 5—6 Mio t Vorräte an Eisenerz neu erkundet und damit dem Betrieb der Vorlauf für eine längere Zeitdauer gesichert. Die geologischen Erkundungsarbeiten werden fortgesetzt.

Abbau der Lagerstätte

Die Abbaumethode der Lagerstätte wird im wesentlichen durch die Geologie der Lagerstätte und den Stand der Technik bestimmt. Bedingt durch die flözartige Ausbildung der Lagerstätte machte man sich die Erfahrungen des Steinkohlenbergbaus zunutze und wandte den Strebbruchbau mit streichendem Verhieb an. Abgebaut wird im Feldwärts- und Rückbau. Während die Abbaumethode — der Strebbruchbau — sich in ihren charakteristischen Merkmalen in den letzten 20 Jahren nicht wesentlich geändert hat, sind doch die Fördermittel sowie der Ausbau modernisiert worden. In den letzten Jahren wurden Schüttelrutschen und Holzausbau durch Panzerförderer und Stahlausbau ersetzt. Die wirtschaftlichen Ergebnisse dieser Maßnahmen wurden bereits ausgewertet und veröffentlicht (WILD & MEYER 1958). Bei der Befahrung der Grube waren zwei voneinander abhängige Probleme von besonderem Interesse:

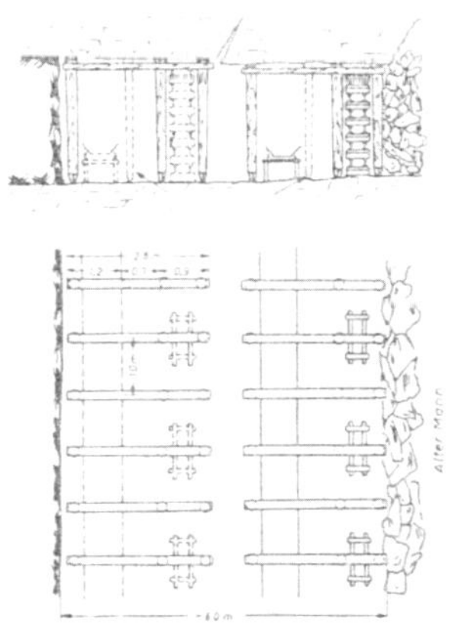

Abb. 1. Ausbauschema beim Strebbruchbau mit Schüttelrutsche

1. Welche geologischen Faktoren mußte der Stahlausbau berücksichtigen, und wie verhält sich das Gebirge zum neuen Ausbau und Abbaufortschritt?
2. Welche wirtschaftlichen Verbesserungen wurden erzielt?

a) Beginn des Auserzens (1 Stempel und 1 Kappe in Reserve)

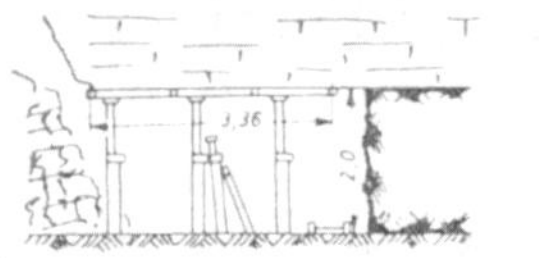

b) Ende des Auserzens (1 Stempel in Reserve, Kappe vorgehängt)

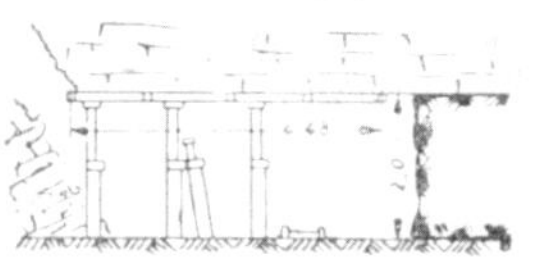

c) Stand nach dem Rücken des Förderers und vor dem Rauben

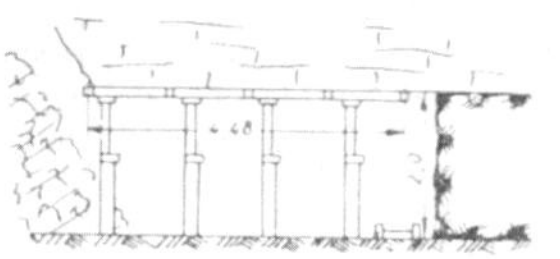

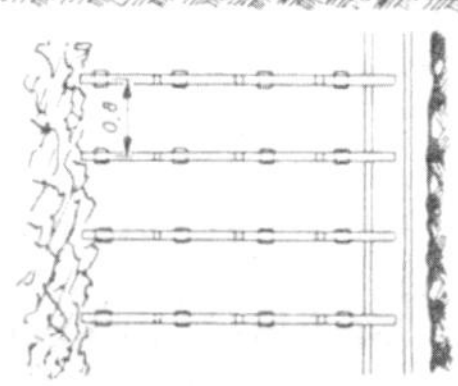

Abb. 2. Ausbauschema beim Strebbruchbau mit Panzerförderer

Gebirge und Ausbau

Der Ausbau muß in Material und Methode so gewählt werden, daß das Gebirge beherrscht wird. Beim Strebbruchbau soll sich das Hangende stetig und möglichst mit scharfer Bruchkante setzen. Der Ausbau soll ohne großen Aufwand geraubt und vorgebracht werden und den Fördermitteln genügend Platz lassen.

Einer der wichtigsten Faktoren, der sehr deutlich die Verbindung zwischen Geologie und Abbautechnik zeigt, ist die Hydrogeologie der Lagerstätte. Da es sich um eine Brauneisenerzlagerstätte handelt und als Transportmittel im Abbaustreb Panzerförderer (früher Schüttelrutschen) eingesetzt sind, muß das Fördergut vor zusitzenden Wässern aus dem Hangenden bewahrt werden.

Bei der geologischen Erkundung werden nicht nur das Erzlager bemustert, sondern auch die Hangendschichten hinsichtlich wasserführender Störungen und geologischer, spez. petrographischer Beschaffenheit untersucht. Das Ergebnis bestimmt Art und Abstand der Baue, Wanderpfeiler und die offene Strebbreite.

Das Eisenerzlager wird von folgenden Schichten begleitet: Das unmittelbare Hangende des Lagers ist ein mittel- bis grobkörniges etwa 0,2 m mächtiges Konglomerat. Über dem Konglomerat liegen „sandflaserige Tonsteinschichten" mit etwa 7 m Mächtigkeit. Diese Schichten haben die unangenehme Eigenschaft, bei Wasseraufnahme ihre Festigkeit zu verlieren. Über diesen Schichten liegt die wichtigste Schicht im Dach des Lagers, die feste Bank des „Donzdorfer Sandsteins" mit 4—5 m Mächtigkeit.

Im Liegenden des Lagers sind auch sandflaserige Tonsteinschichten vertreten, die bei Wasseraufnahme quellen und ebenfalls den Abbaufortschritt stören können. Die Mächtigkeit beträgt 12 m.

Beim Strebbruchbau ist auch dem Gebirgsdruck besondere Beachtung zu schenken. So wurden vor der Umstellung von Holz- auf Stahlausbau zahlreiche Gebirgsdruckmessungen mit Druckmeßdosen durchgeführt. Dabei wurde festgestellt, daß Holzstempel nach 8 Tagen etwa 8—20 t, max. 35 t, Druck aufgenommen haben. Die Baue standen mit 1 m Abstand und hatten drei Stempel unter einer 2,80 m langen Kappe. An den Wanderpfeilern, die aus alten Eisenbahnschienen (1 × 0,5 m) spez. an der Bruchkante gesetzt wurden, konnten Drucke von 50—60 t gemessen werden. Hierbei muß erwähnt werden, daß durch die von Zeit zu Zeit abreißende Sandsteinbank ein starker Periodendruck hervorgerufen wird. Die Druckmeßergebnisse in Verbindung mit den geologischen Untersuchungsergebnissen der Hangendschichten gaben wertvolle Hinweise für die Anwendung des Stahlausbaues.

Beim Holzausbau wurden zur besseren Beherrschung des Deckgebirges und Sicherung gegen Wasserzuflüsse aus tiefen Setzungsrissen alle 30 m Sicherheitspfeiler stehengelassen bzw. Bergerippen eingebracht.

Während die Sicherheitspfeiler einen ununterbrochenen Abbaufortschritt verhinderten, verursachte der Holzausbau, der Umbau der Schüttelrutschen und zahlreiche andere Faktoren hohe Kosten bei der Gewinnung. Die Betriebsumstellung begann mit der versuchsweisen Ausrüstung eines 80 m langen Strebs mit Panzerförderer und Stahlausbau (s. Abb. 1 und 2).

Die geologische Beschaffenheit der hangenden Schichten erforderte einen möglichst starren Ausbau. Die Stempel mußten bei kurzem Einsinkweg eine hohe Lastaufnahme haben. Es wurden GHH-Stempel Typ S 3 — ein Sechskantstempel mit 2 Keilen und einer Tragfähigkeit von 30—40 t verwandt. Die starren Stempel knallen bei Überbelastung nicht, sondern werden krumm. Bei einer Stempeldichte von 70 cm sind die Verluste an Stahlstempeln mit 1—3 Stück im Monat sehr gering. Die Kappenlänge war abhängig von der Flözmächtigkeit, Breite des Panzerförderers und dem angestrebten Abbaurhythmus. Es wurde eine 1,12 m lange GHH-Treibzapfengelenk-Kappe mit aufgeschweißten Lamellen verwendet. Um eine rück- und stempelfreie Abbaufront zu erhalten, wurden die Kappen durch Vorhängekappen verlängert. Die offene Feldesbreite vergrößert sich beim Auserzen von 3,36 m auf 4,48 m.

Aus dem Steinkohlenbergbau ist bekannt, daß das Verhalten der hangenden Schichten durch kürzere Feldesbreiten und schnelleren Abbaufortschritt günstig beeinflußt wird.

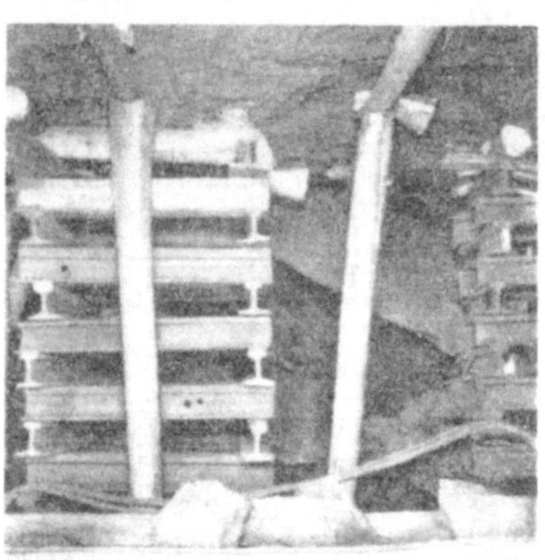

Abb. 3. Wanderpfeiler aus alten Eisenbahnschienen im Rutschenstreb

Abb. 4. Das Bruchfeld des Panzerstrebs. Im Vordergrund Wiemann-Wanderpfeiler an der Bruchkante

Abb. 5. Panzerförderer mit Haufwerk nach dem Schießen. Vordere Abdeckbleche bereits entfernt

Abb. 6. Panzerstreb während des Rückens

	Offene Feldesbreite	Abbaufortschritt/Tag
Holzausbau	6—7 m	0,5 m
Stahlausbau	max. 4,48 m	1,12 m

Bei Anwendung des Stahlausbaues kommt es über dem offenen Strebraum nicht zum vorzeitigen Absetzen des Hangenden. Beim Holzausbau war es wegen der großen Feldesbreite und der Elastizität des Ausbaumaterials (spez. durch Holzzwischenlagen in den Wanderpfeilern aus Eisenbahnschienen) über dem offenen Strebraum des öfteren zur Bildung von seigeren Absetzklüften gekommen. Diese Klüfte können wegen ihrer großen Tiefe Wasser in den Abbau bringen. Die Wanderpfeiler aus Eisenbahnschienen wurden durch Stahlstempel der Firma Wiemann ersetzt. Der Wiemann-Wanderpfeiler hat eine Tragfähigkeit vom rd. 100 t. Der Oberstempel aus Leichtmetall wird in einer Doppelmanschette aus Stahl geführt. Der Unterstempel ist ein Stahlrohr, das in die Fußplatte eingeschweißt ist. Die Kopfplatte am Oberstempel ist durch eine Kugelpfanne allseitig beweglich und kann sich dem Hangenden gut anpassen (s. Abb. 4 u. 5).

Förderung im Strebbruchbau

Das alte Transportmittel im Streb waren Schüttelrutschen. Sie mußten wegen der Sprengwirkung und der notwendigen Ladehöhe aufgebockt werden. Das Erz konnte nicht auf die Rutschen geschossen werden, und der zu schaufelnde Anteil war sehr groß. Schüttelrutschen haben einen hohen Verschleiß und benötigen zum Umbau einen großen Arbeitsaufwand. Diese Nachteile sollten durch den Panzerförderer beseitigt werden. Im Steinkohlenbergbau hatte man mit diesem Transportmittel bereits gute Erfahrung gemacht. Die Eigenschaften und Erfahrungen des Steinkohlenbergbaus konnten aber nicht einfach auf jede andere Lagerstätte übertragen werden. Zum Beispiel zeigt Steinkohlenstaub an sich reibenden Stahlteilen Schmierwirkung, SiO_2-reicher Erzstaub verhält sich dagegen wie Schmirgel. Dieser Unterschied machte sich an den Stahlstempeln und am Panzerförderer bemerkbar. Im Versuchsstreb wurden umfangreiche Reibungs- und Verschleißmessungen durchgeführt und die gesammelten Erfahrungen bereits ausgewertet (Verwendung von Aluminiumreibbeilagen u. a.).

Auf der Grube Karl wurden Doppelkettenförderer der Eisenhütte Westfalia Lünen eingesetzt. Nicht auf allen Erzgruben, auf denen dieser Panzerförderer zum Einsatz kam, waren die Ergebnisse befriedigend. Vor der Betriebsumstellung mußten im Versuchsstreb verschiedene Faktoren untersucht werden, so z. B. günstigste Streblänge, Beanspruchung von Motor und Kette, spez. bei nassem Erz, Höhe des Verschleißes von Ketten und Rinnen, mechanische Beanspruchung beim Schießen usw. Kann der Panzerförderer trotz der unebenen Sohle im ganzen gerückt werden oder muß er umgelegt werden u. a. m. Alle Faktoren wurden günstig gelöst. Eine Streblänge von 80—100 m erwies sich als vorteilhaft, und Elektromotoren und Kette waren noch nicht restlos ausgelastet.

Ökonomische Ergebnisse

Ziel sämtlicher Maßnahmen war: Steigerung der Leistung, Senkung der Selbstkosten, günstigerer Betriebsablauf durch Betriebszusammenfassung.

Beim Strebbruchbau mit Holzausbau und Schüttelrutschen lag die Strebleistung bei rd. 7 t/Mann und Schicht. Auf verschiedene Faktoren, die hohe Kosten verursachten, wurde bereits hingewiesen (z. B. Rutschenumbau u. a.).

Durch den Holzausbau wird die t Erz bereits mit 1 DM belastet. Die hohen Anschaffungskosten des Stahlausbaus gleichen sich durch die viel geringeren Ausbaukosten bereits in einem Jahr aus. Während Holzausbau in der Regel nach einmaligem Gebrauch verloren ist, rechnet man für Stahlstempel und -kappen in der Steinkohle mit einer Lebensdauer von vier Jahren.

Bei Stahlausbau mit Abstand der Baue im Panzerstreb 0,8 m ergibt sich gegenüber Holzausbau im Rutschenstreb folgender Unterschied:

	Holzausbau	Stahlausbau
Ausbaukosten/Tag	375,95 DM	141,84 DM
Kosten je t Förderung	1,03 DM	0,28 DM

	Schüttelrutsche	Panzerförderer
Maschinenkosten/t	0,29 DM	0,47 DM
Förderung/Tag	365 t	511 t
Leistung/Mann/Schicht	7,9 t	10,5 t

Der Streb mit Schüttelrutsche war 120 m lang, hatte Holzausbau und Wiemann-Pfeiler an der Bruchkante, der Abstand der Baue 1 m, die Förderung je Tag 365 t.

Der Streb mit Panzerförderer war 80 m lang, hatte Stahlausbau und Reihenstempel (GHH) an der Bruchkante, die Förderung je Tag 511 t.

Die Anschaffungskosten betragen für einen Panzerförderer bei einem Streb von 80 m Länge rd. 78000 DM.

Die Ladeleistung der Erzschaufler hat sich durch die geringe Höhe (180 mm) des Panzerförderers von 10 t auf 15 t/Mann und Schicht erhöht. Die Hauerleistung stieg von 14 auf 19 t.

Auf der Brauneisenerzgrube Karl/Staufenstolln hat sich der Panzerförderer als ein leistungsstarkes und zuverlässiges Fördermittel erwiesen.

Abschließend kann gesagt werden, daß die Hauptforderungen: Steigerung der Leistung, Senkung der Kosten, erfüllt wurden. Die Gewinnungskosten liegen im Panzerstreb bei wesentlich höherer Leistung um 14% niedriger als im Rutschenstreb.

Literatur

NAUMANN: Die Bedeutung des Eisenerzbergbaus in Württemberg (Karlsruhe) (Weitere Angaben nicht vorhanden.)

WILD, H. W. & F. MEYER: Erfahrungen mit Panzerförderer und stempelfreier Abbaufront auf der Eisenerzgrube Karl in Geislingen (Steige). — Ztschr. f. Erzbergb. u. Metallh., B. XI (1958) H. 9.

Lesesteine

Der „Erdgasbauer“

Die in Fluß gekommene Umorganisierung der Energiebasis und die damit in Zusammenhang stehende stärkere Betonung der wirtschaftlichen Zukunft des Erdgases in Westeuropa veranlaßte die Presse des Ruhrgebietes, auf die seit Jahren betriebene Erdgasverwertung durch einen westfälischen Bauern hinzuweisen.

An der Landstraße von Ascheberg nach Drensteinfurt nutzt ein Bauer eine 904 m tiefe ehemalige Kohlensuchbohrung aus, die 1903 begonnen wurde. Am 25. 2. 1904 um 19.45 Uhr erfolgte aus ihr ein starker Wasserausbruch; kurz darauf entzündete sich das mit dem Wasser austretende Gas, und der hölzerne Bohrturm brannte nieder. Es gelang später, das Gas unter Kontrolle zu bringen, bis am 16. Juni ein erneuter starker Gasausbruch erfolgte. Daraufhin wurde das Bohrloch zementiert.

1921 ließ die Stadt Münster das Bohrloch wieder öffnen und das unter 20 atm Druck stehende Gas in die Gasleitung der Zeche Radbod einschleusen. Nach dem zweiten Weltkrieg wurde in der Nähe des erwähnten Bohrloches ein zweites gestoßen, das wieder bei ca. 900 m Teufe Erdgas, das unter 90 atm Druck stand, anfuhr. Die ursprüngliche Absicht, das Gas den Buna-Werken in Hüls zuzuleiten, wurde aufgegeben, nachdem der Druck, wahrscheinlich durch Verstopfungen, auf 40 atm zurückgegangen war.

Bäuerliche Erdgasgewinnung in Westfalen

Der Bauer Josef Wintrup aber erhielt vom Bergamt die Genehmigung „zur persönlichen Ausnutzung der Gasquelle". Und er nutzte diese Konzession. Nachdem er sich für 500,— DM die notwendigen Sicherheits- und Absperrvorrichtungen hatte einbauen lassen, zapft er ohne jede Störung und Gefährdung die Erdgassonde an und beheizt mit dem gewonnenen Methan Küche und Zentralheizungsanlagen seines Hauses und seiner Wirtschaftsgebäude.

Wir erinnern uns, daß zur gleichen Zeit, in der man noch an eine unabänderliche Dauerkonjunktur der Steinkohle und ihrer Nebenprodukte glaubte und die Produktivität westdeutscher Erdgaslagerstätten künstlich drosselte, viel Tinte verbraucht wurde, um „zu beweisen", daß sich Methan für die Verwendung in Haushalten nicht eignen könne, da es in den bisher gebrauchten und auf Steinkohlenkokereigas eingestellten Gasgeräten nicht brenne! Fachleute beschäftigten sich mit der Spaltung des wertvollen Methans, um aus ihm minderwertigeres Stadtgas zu erzeugen. Es dauerte z. B. zwei Jahre, bis die Münchener Stadtverwaltung erkannte, daß es richtiger ist, der Bevölkerung, etwa nach dem Muster des Bauern Wintrup, Methan zuzuleiten, statt dieses wie bisher dort in neu errichteten teuren Anlagen zu spalten, d. h. seinen natürlichen Heizwert um die Hälfte zu vermindern.

In dem beigegebenen Bildchen haben wir die Erdgasanlage des Bauern Wintrup festgehalten. Für den Fall, daß einmal die Geschichte der deutschen Erdgasverwendung geschrieben werden sollte, wird es dann hoffentlich den ihm gebührenden Platz erhalten; denn es sollte für alle Zeiten festgehalten werden, daß ein Bauer richtiger und besser als die Großindustriellen des Ruhrgebietes den Wert des Methans als Brennstoff für den Haushalt erkannt hatte. e.

Einmal anders

In seiner Beilage „Wirtschaft im Osten" bringt der „Industriekurier" (15. 10. 1959) zwei bemerkenswerte Beiträge.

In dem einen, der: „Kann die UdSSR die USA überholen?" betitelt ist, wird mitgeteilt, daß Dr. WAGENFÜHR, Leiter der Statistischen Abteilung bei der Hohen Behörde der Montan-Union, nach einer Untersuchung über die wirtschaftliche Kapazität der Sowjetunion und der USA zu dem Schluß kam, daß man ein „Einholen und Überholen der USA durch die Sowjetunion nicht als ein Schreckgespenst an die Wand malen solle".

„Eine Steigerung der Erzeugung und eine Erhöhung des Lebensniveaus in allen Teilen der Welt schafft bessere Voraussetzungen dafür, den Frieden zu erhalten, als dies der Fall sein würde, wenn in weiten Teilen der Welt Not und Elend die Überhand behalten."

Zwar gäbe es in der Sowjetunion noch Schwierigkeiten, man dürfe diese aber nicht überbewerten, „da die Sowjetunion auch schon schwierigere ökonomische Situationen gemeistert habe". Das ist eine sehr beachtenswerte Erkenntnis auf kapitalistischer Seite.

Noch interessanter ist der zweite Beitrag: „Ungarn — einmal anders". Der Verfasser berichtet, daß er zusammen mit Journalisten aus England, Frankreich, Dänemark, Österreich, der Schweiz und den USA ohne alle „bürokratischen Hindernisse" einen Wochenendausflug nach Sopron (Ödenburg) gemacht habe.

„Ungeschminkt" habe man der Reisegesellschaft in Sopron gezeigt, wie „seine vielen entzückenden mittelalterlichen Bürgerhäuser und Baudenkmäler rekonstruiert und renoviert waren, und man zeigte das soeben wiederhergestellte Esterházy-Schloß in der Nähe der Stadt.

Auf ungarischer Seite bestand offensichtlich der Wunsch, einander im zwanglosen Beisammensein und persönlichen Gespräch näherzukommen. Zu diesem Zweck waren aus Budapest einige ungarische Journalisten und Angestellte des Presseamtes der Regierung nach Sopron gekommen und standen recht offen Rede und Antwort.

So geschah das, was mancher der Eingeladenen anfangs nicht recht glauben wollte; es wurde wirklich ein ebenso netter wie interessanter Wochenendausflug, bei dem sich die Ungarn als perfekte Gastgeber erwiesen und bei dem nur manches Ungewohnte in der Umgebung zuweilen daran erinnerte, daß man jenseits des ‚eisernen Vorhangs' war.

Es wäre sicher zu begrüßen, wenn das Beispiel Ungarn Schule machte und sich der ‚eiserne Vorhang' öfter heben würde, denn Taten überzeugen eher als wohlgesetzte Reden von der im Ostblock so oft zitierten ‚praktischen Koexistenz'."

Wenn ein „eiserner Vorhang" heute besteht, dann rührt seine Existenz nicht von den sozialistischen Staaten her, sondern von ideologischen Täuschungsmanövern, die der westlichen „freien" Welt von irgendwelchen Gruppen, die an Streitigkeiten und Kriegen interessiert sind, vorgegaukelt werden.

Man kann als freier Tourist nicht nur nach Ungarn, sondern ebenso frei nach Polen, der Tschechoslowakei, nach Rumänien, China und der UdSSR reisen.

In letzterer wird man feststellen, daß die wirtschaftliche Einholung und Überholung der USA das friedliche Bestreben der gesamten Bevölkerung ist. Das läßt sich ebenso wenig durch einen „eisernen Vorhang" verheimlichen wie die weltweit bekannten Erfolge sowjetischer Mondraketen.

Mehr freie Touristenreisen aus den westlichen Ländern in die sozialistischen werden die allerseits angestrebte gegenseitige Aufklärung und friedliche Koexistenz weitgehend fördern helfen und das Geschwätz vom angeblichen „eisernen Vorhang" ad absurdum führen. E.

Der wankende Thron des Königs Monopol

Im Novemberheft 1959 der „Zeitung für Kommunale Wirtschaft" (München) finden wir folgende Bemerkung über die Fusion Rheinpreußen-DEA:

„Familie HANIEL, seit über 100 Jahren 90%iger Rheinpreußen-Aktienpakete-Halter, stieg von ihrem mit 400000 Haldentonnen überladenen Kohlenpott in den vom frischen Konjunkturwind getriebenen Öltanker der Deutschen Erdöl AG (DEA) um. . . .

So meinte Rheinpreußen-Aufsichtsrat KLAUS HANIEL gegenüber einem Nachrichtenmagazin:

‚Ein Kohleunternehmen ist heute nicht mehr zeitgemäß, so schwer die Einsicht auch fällt. Die Kohle muß den Anschluß an das Öl finden.'. . .

Verglichen mit den früheren Aussprüchen des Steinkohlenbergbaus, seine Zukunft souverän und in eigener Zuständigkeit zu entscheiden, eine erstaunliche und in Anbetracht der nach wie vor gültigen Stellung der Kohle als nationale Energiebasis überraschend schnelle Entwicklung."

In dem gleichen Heft lesen wir aus der Feder des Kieler Direktors OTTO VOSS:

„In der Energiewirtschaft ist der König Monopol dadurch erschüttert worden, daß die primären Energieträger in einen harten Wettbewerb getreten sind. Während die Verkaufsorganisation für Ruhrkohle noch vor zwei Jahren Aufträge ablehnte und zu Auslandsbezug oder Ölverwendung riet, stehen heute Kohle und Öl in sehr reichlichen Mengen als Konkurrenten nebeneinander. Mit dem Erdgas und der Atomenergie künden sich neue Möglichkeiten an, was darauf schließen läßt, daß der Wettbewerb bleiben wird."

Nicht nur die Auffindung neuer großer Erdöl- und Erdgaslagerstätten fördert diese für den Kapitalismus krisenhaften Erscheinungen. U. a. wirkt der technische Fortschritt im Transport (moderne Großtanker, Fernleitungen) und in der Erdgasaufbereitung (Flüssiggas, verflüssigtes Methan) in der gleichen Richtung. Bisher nahm man in kapitalistischen Kreisen an, daß sich die Konkurrenz vorwiegend bei rückläufigem Absatz steigere. Jetzt steigt der Bedarf nach Energie weiter an, trotzdem werfen die Anzeichen einer nahenden Überproduktion (Kohlenhalden, Stillegungen, sinkende Rohölpreise) ihre Schatten voraus, und der Konkurrenzkampf dürfte sich zu einem bisher kaum erlebten Ausmaß steigern. Der Überfluß an Energierohstoffen droht trotz steigenden Energiebedarfs die planlose kapitalistische Wirtschaft einer der größten Krisen, die sie jemals hervorrief, entgegenzuführen. e.

Besprechungen und Referate

Die Erdgasvorräte der UdSSR

Hauptverwaltung der Gasindustie beim Ministerrat der UdSSR, Moskau 1959

In diesem umfassenden Sammelwerk sind Beiträge von A. N. Kortunow, P. Ja. Antropow, W. A. Kalamkarow, Ju. I. Bokserman, I. O. Brod, W. G. Wasiljew, M. F. Mirtschink, W. L. Sokolow, A. A. Trofimuk und anderen erschienen. Im Hauptteil werden jeweils von den besten Kennern die Erdgasvorkommen der einzelnen Republiken und Bezirke unter Beigabe zahlreicher Abbildungen beschrieben und die Vorratsberechnungen nach dem Stand für Anfang 1959 wiedergegeben.

Nach dem Vorwort ist die wichtigste Aufgabe, um die Basis der ständigen Entwicklung der Gasindustrie sicherzustellen, eine weitgehende Kenntnis der möglichen Erdgasvorräte, deren Erschließung in Kürze in der UdSSR zu erwarten ist. Nach A. N. Kortunow beziffern sich die prognostischen Erdgasvorräte in denjenigen Gebieten, in denen bereits wirtschaftliche Vorräte nachgewiesen wurden, auf über 9000 Mrd. m³; davon entfallen auf die Ukraine 1580, den Nordkaukasus 1585, das Ural-Wolga-Gebiet 2715, den Buchara-Shiwinski-Bezirk 1800, auf Aserbaidshan 700 und auf Uchta 720 Mrd. m³. Die prognostischen Vorräte in den höffigen Gebieten, in denen bisher nicht gefördert wird, betragen etwa 10000 Mrd. m³, davon 6200 in Sibirien, 2600 in Turkmenien und 1080 m³ in Kasachstan. Von den bilanzierten Erdgasvorräten entfallen 64,7% auf die RSFSR, 23,5% auf die Ukrainische SSR, 7,3% auf die Aserbaidshanische SSR, 3,3% auf die Usbekische und 1,2% auf die Turkmenische SSR. Am 1. 1. 1959 betrugen die erkundeten und wirtschaftlich auswertbaren Vorrate etwa 1000 Mrd. m³, 1965 müssen sie 3400 Mrd. m³ erreichen. Da in den Jahren 1959—1965 etwa 600 Mrd. m³ Erdgas gewonnen werden, müssen die gewinnbaren Vorräte in diesem Zeitraum um mindestens 3000 Mrd. m³ erhöht werden.

Die beiden folgenden Tabellen und die Übersichtskarte sind dem bemerkenswerten Werk, das 350 S. umfaßt, entnommen.

1965 wird allein Moskau 13,3 Mrd. m³ Erdgas konsumieren, das ist etwa ebensoviel wie die gesamte Erdgasausbeute der Sowjetunion 1956 betrug. In den beiden Tabellen sind besonders die Tatsachen bemerkenswert, daß 1965 im Ural bereits 35% des Brennstoffbedarfs durch Heizgas und in der gesamten sowjetischen Zementindustrie sogar 66,3% durch Erdgas gedeckt werden sollen. E.

Tab. 1. Brennstoffbilanz der UdSSR in %

Brennstoffe	europäische SSSR		Ural		Ostgebiete ohne Ural	
	1958	1965	1958	1965	1958	1965
Kohle	62,9	41,2	74,1	29,6	85,3	76,1
Heizöl	12,7	18,4	15,2	28,9	8,3	10,5
Erdgas	11,1	29,7	1,2	35,2	1,0	9,5
Torf	6,9	5,6	2,4	1,5	—	0,2
Schiefer	1,5	1,9	—	—	—	—
Holz	4,9	3,2	7,1	4,8	5,4	3,2
Gas aus Untertagevergasung	—	—	—	—	—	0,5
Summe	100,0	100,0	100,0	100,0	100,0	100,0

Tab. 2. Brennstoffbasis der Wärmekraftwerke und Zementfabriken der UdSSR in %

Brennstoffe	Wärmekraftwerke		Zementindustrie	
	1958	1965	1958	1965
Kohle	69,9	61,3	59,3	28,3
Heizöl	5,9	12,3	3,9	5,4
Erdgas	10,7 (10,5 Mrd. m³)	17,2 (32 Mrd. m³)	36,8 (2,2 Mrd. m³)	66,3 (8,4 Mrd. m³)
Torf	8,1	5,7	—	—
Schiefer	0,9	1,2	—	—
Sonstige	4,5	2,3	—	—
Summe	100,0	100,0	100,0	100,0

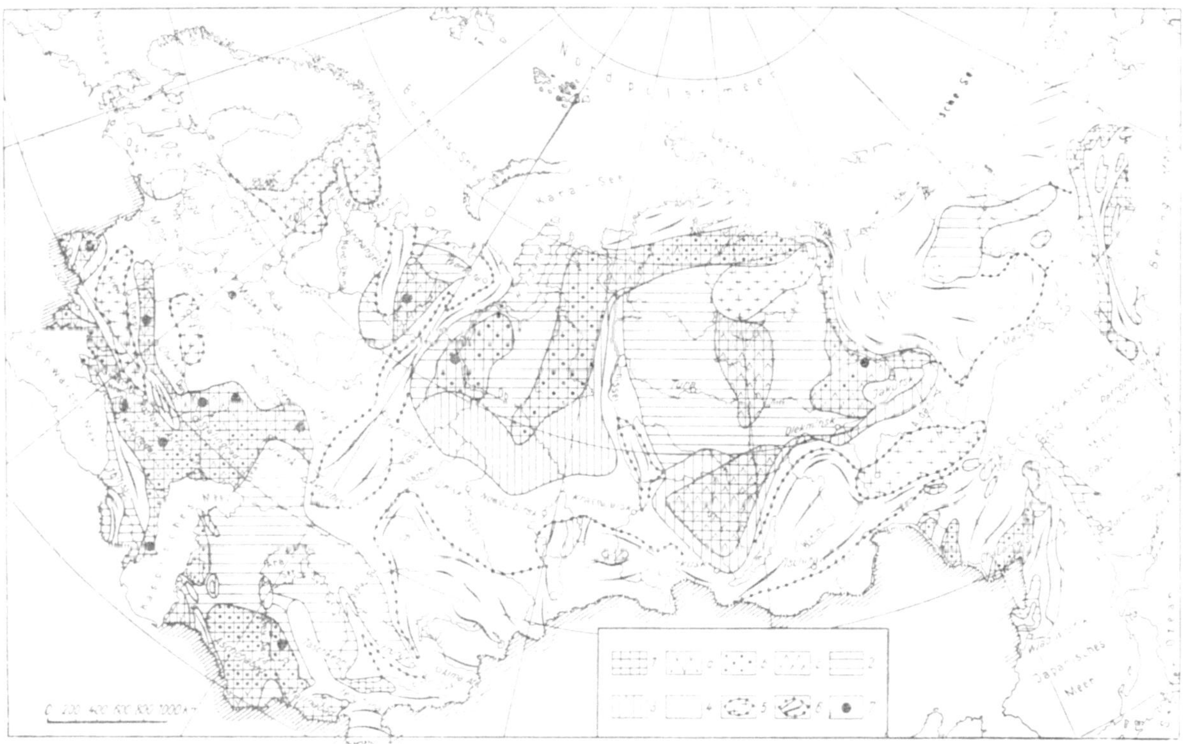

Erdgashöffigkeitskarte der Sowjetunion nach W. G. Wasiljew, N. D. Jelin, W. L. Sokolow und anderen 1959

1. höffige Gebiete: a) im Tertiär, b) im Mesozoikum, c) im Paläozoikum; 2. Gebiete mit noch nicht näher erkundetem Höffigkeitsgrad; 3. Gebiete mit geringer Höffigkeit; 4. Nichthöffige Gebiete; 5. Kristalline Schilde und Massive; 6. Faltengebirge; 7. Gasgewinnungsgebiete

BROMILOW, J. G.
Methangasabsaugung und -verwertung in Großbritannien

Colliery Guardian (London), Bd. 199 (1959), Nr. 5132, S. 61—68 und Nr. 5133, S. 97—100

In Großbritannien wurde Ende 1958 in 60 Gruben die Methangasabsaugung angewandt, wobei von den wöchentlich 2,46 Mill m^3 anfallendem reinem Methan 1,19 Mill. m^3 genutzt wurden. Die Methangewinnung erfolgt hauptsächlich durch querschlägig hergestellte Bohrlöcher und weiterhin aus abgeworfenen und abgedichteten Revieren. Versuche einer Methangewinnung aus einem im Abbau befindlichen Kohlenstoß führten zu keinem Erfolg. Z.

KOROL, D.
Aufbereitungsprobleme, verbunden mit der Hydromechanisierung von Steinkohlengruben

Prace Glownege Instytutu Górnictwa (Katowice), Kommunikat Nr. 234, (1959), Serie A, 12 S.

Von technischem und wirtschaftlichem Vorteil ist eine Aufbereitung der Kohle schon unter Tage. Daher verlegte man im polnischen Steinkohlenbergbau auf der hydromechanisierten Grube Debiensko einen Teil der Aufbereitungsanlagen unter Tage. Um effektiv zu arbeiten, will man das bisherige technologische Aufbereitungsschema grundlegend ändern und hat dazu einen entsprechenden Vorschlag ausgearbeitet. Z.

MÜCKENHAUSEN, E. & H. WORTMANN
Erläuterungen zur Bodenübersichtskarte von Nordrhein-Westfalen 1 : 300000

Herausgegeben vom Geologischen Landesamt Nordrhein-Westfalen. — Krefeld 1958, 10 Taf., 7 Tab., 144 S.

Einem Bericht über Feldaufnahme und Ausarbeitung der Bodenübersichtskarte schließt sich der Abschnitt Oberflächengestaltung und Gewässer an, in dem über die geomorphologisch sich deutlich gegeneinander absetzenden Landschaftseinheiten des Rheinischen Schiefergebirges, des ostwestfälischen Berg- und Hügellandes, des Münsterlandes und der Niederrheinischen Bucht berichtet wird. E. SCHRÖDER schildert im nachfolgenden geologischen Überblick den Aufbau dieser geologischen Einheiten. Die Beschreibung der klimatischen Verhältnisse von Nordrhein-Westfalen beschränkt sich im Hauptteil auf die Behandlung einer kleinen Anzahl der wichtigsten Einzelelemente.

Das Kapitel „Boden" bildet das Kernstück der Erläuterungen und gliedert sich in drei Teile. Im ersten Abschnitt soll mittels eines der Erläuterung beigefügten Kärtchens ein Überblick über die Böden gegeben werden, während der Verfasser im zweiten Teil die auf der Bodenübersichtskarte ausgeschiedenen Bodengruppen bespricht. Einzelnen wichtigen Bodeneigenschaften ist ein dritter Abschnitt vorbehalten.

Im nächsten Abschnitt behandelt E. KLAPP Beispiele für den Acker- und Pflanzenbau. Aus der Fülle der Beziehungen zwischen den ausgeschiedenen Bodenkategorien und der landwirtschaftlichen Bodennutzung kann man allerdings nur einige charakteristische Beispiele beschreiben. A. WERNER gibt im Anhang eine Anleitung zur Auswertung der Bodenanalyse. Tafeln mit verschiedenen Bodenkarten und Tabellen über analytische Ergebnisse ergänzen die Erläuterungen zur Bodenübersichtskarte von Nordrhein-Westfalen. —D—

GELLERT, J. F.
Grundzüge der physischen Geographie von Deutschland. 1. Band „Geologische Struktur und Oberflächengestaltung"

VEB Deutscher Verlag der Wissenschaften, Berlin 1958

Der Autor verfolgt das Ziel, auf der Basis moderner Erkenntnisse der physischen Geographie die physisch-geographischen Erscheinungen Deutschlands darzulegen und in deren Problematik einzuführen. Bei der Zergliederung des Stoffes wurden geologische Struktur, Oberflächengestaltung, Verwitterung, Klima usw. eingehend berücksichtigt.

Im ersten Teil des Werkes werden in einzelnen Kapiteln behandelt und durch 266 Abbildungen, vorwiegend Karten und Profile, untermauert: die geologische Struktur der alten Gebirge, die geologische Struktur des Deckgebirges, die jungvulkanischen Bildungen, die tertiären Ablagerungen im Gebiet der deutschen Mittelgebirgsschwelle, die Oberflächengestaltung der deutschen Mittelgebirge usw.

Der zweite Teil beschäftigt sich mit der Struktur und Oberflächengestaltung der Nördlichen Kalkalpen zwischen Rhein und Salzach und des süddeutschen Alpenvorlandes, der dritte Teil mit Struktur und Oberflächengestaltung des Norddeutschen Flachlandes und der vierte Teil mit der Gestaltung der deutschen Küsten.

Der Autor zieht aus seinen Darstellungen den Schluß: „Die Oberflächengestaltung von Deutschland als Ganzes und die einzelnen Oberflächenformen, aus denen diese besteht, sind, mit noch fraglichen Ausnahmen in einzelnen Teilen der Mittelgebirgsschwelle, känozoischen Alters. Ihre Bildung steht in engstem Zusammenhang mit der saxonischen und alpiden Gebirgsbildung im jüngeren Mesozoikum und Tertiär." Für zahlreiche geologische Fragenkomplexe stellt der I. Band der „Grundzüge der physischen Geographie von Deutschland" ein sehr beachtenswertes Nachschlagewerk dar. E.

KRUMBIEGEL, G.
Die tertiäre Pflanzen- und Tierwelt der Braunkohle des Geiseltales

Die neue Brehm-Bücherei, Wittenberg-Lutherstadt 1959, 156 S., 93 Abb. u. 29 Fig. im Text

Die kleine, 156 Seiten umfassende Broschüre ist zum 25jährigen Jubiläum des Geiseltal-Museums herausgegeben worden. Sie gibt an Hand ihrer zahlreichen und sehr guten Abbildungen einen vortrefflichen Einblick in die Tier- und Pflanzenwelt der mitteleozänen Galeriewälder des Geiseltales. Für den Feldgeologen können die Hinweise über die sachgemäße Bergung und Präparierung wenig widerstandsfähiger, aber wertvoller Fossilien von besonderem Wert sein. L.

PILGER, A.
Zur Genese der Magnesite in den Westpyrenäen

Zeitschrift der Deutschen Geologischen Gesellschaft, Bd. 111 (1959), 1. Teil, S. 198—208

Der Verfasser bearbeitet das bedeutendste westpyrenäische Magnesitvorkommen, das von Eugui in Navarra nördlich von Pamplona. Nach ihm ist der Magnesit dieser Lagerstätte, die als große gefaltete Platte des Namur (Oberkarbon) vorliegt, nicht metamorph und zeigt in guter Schichtung und durch Fossileinlagerungen die primäre Lagerungsform. Parallel mit dem Aufreißen zahlreicher Klüfte läuft eine Ausscheidungsfolge, die von Magnesit zu Dolomit in oft großen idiomorphen Kristallen bis zu Spuren von Kupferkies und gediegenem Kupfer führt. Die gefügekundliche Analyse zeigt den einseitigen orogenen Bau der Beanspruchung und eine damit gleichzeitige, d. h. synorogene Magnesitausscheidung. Die Lagerstätte kann nicht als sedimentär entstanden angesehen werden. Sie ist hydrothermal-metasomatisch in einer Karbonatserie des Oberkarbons entstanden, die nach Vergleichen mit Profilen in den französischen Westpyrenäen anfangs aus Kalk bestand und über eine Dolomitisierung zu Magnesit wurde. Der Lösungsaufstieg erfolgte aus großer Tiefe über zwei tiefgreifende Spalten, wahrscheinlich im Zusammenhang mit der austrischen Faltung vor dem Cenoman oder dem Alb. E.

SCHNEIDERHÖHN, H.
Die Erzlagerstätten der Erde

Bd. I. Die Erzlagerstätten der Frühkristallisation. Gustav-Fischer-Verlag, Stuttgart 1958, 315 S., 143 Abb.

Nach Vorbemerkungen zur allgemeinen Lagerstättenkunde folgt ein längerer Abschnitt: „Allgemeines über die liquidmagmatischen Erzlagerstätten der Frühkristallisation und ihr basisches Stamm-Magma."

Nacheinander werden dann in einzelnen Abschnitten die Chromit-Lagerstätten, die Nickelmagnetkies-Kupferkies-Lagerstätten, die liquidmagmatischen Platinlagerstätten, die Titanomagnetit-Lagerstätten und zum Schluß die liquidmagmatisch-pneumatolytisch-hydrothermalen Übergangslagerstätten eingehend beschrieben. Bei den einzelnen Lagerstättentypen werden Geochemie, Chemismus, Nebengesteine, Genesis, Vorräte, Verwendung der Erze usw. behandelt.

Jedes der angeführten Kapitel bringt nach den allgemeinen Betrachtungen eine ausführliche regionale Übersicht über die bisher bekannten Lagerstätten.

Der Autor hatte die Absicht, in der gleichen erschöpfenden Weise in weiteren Bänden die Pegmatite, die pneumatolytischen, kontaktpneumatolytischen und hydrothermalen Lagerstätten, die Exhalations- und Geosynklinallagerstätten sowie die sedimentären und metamorphen Lagerstätten zu beschreiben. Es ist zu hoffen und zu wünschen, daß dem vorliegenden I. Band recht bald weitere Bände der SCHNEIDERHÖHNschen „Erzlagerstätten der Erde" folgen werden. E.

MAGAKJAN, J. G.

Grundlagen der Metallogenie der Kontinente

Herausgegeben vom Geol. Institut der Armenischen Akademie der Wissenschaften, Jerewan 1959

Dieses Werk von J. G. MAGAKJAN enthält im Beilageband eine große, farbig angelegte metallogenetische Weltkarte im Maßstab 1:22000000. Diese Karte wurde in Schwarz-Weiß-Druck und in verkleinertem Maßstab schon in der „Zeitschrift für angewandte Geologie" 1959, S. 122, veröffentlicht. Hier wurde ebenfalls eine kurze Zusammenfassung der wichtigsten Probleme aus dem Inhalt des Buches gegeben. Z.

BADGLEY, P. C.

Structural Methods for the Exploration Geologist

Harper & Brothers, New York 1959

Das 280 Seiten umfassende, reichlich mit Illustrationen (329 Abb. und 16 Fototafeln) ausgestattete Buch zeigt in einer allgemeinverständlichen Art und Weise die Möglichkeiten und Wege zur graphischen Lösung der verschiedenartigsten geologischen Probleme. Ohne mathematische Kenntnisse vorauszusetzen, gibt es viele theoretische und praktische Beispiele, sowohl für den erfahrenen Geologen und Geophysiker als auch für den in der Ausbildung befindlichen Studenten.

Die ersten Kapitel beschäftigen sich mit der Einführung in die Grundlagen der elementaren Geometrie, der Darstellung von Schichtenausbissen an der Erdoberfläche, der Konstruktion geologischer Schnitte und verschiedenartiger geologischer Strukturkarten u. a. In weiteren Kapiteln werden Probleme der isometrischen Projektion in Verbindung mit der Vorratsschätzung, die Lösung komplizierter Verwerfungsprobleme mit Hilfe analytischer Methoden und die Anwendung der stereographischen Projektion behandelt. Das letzte Kapitel ist der tektonischen Analyse von Bergbau- und Erdölgebieten, als einer wichtigen Voraussetzung für den Erkundungsablauf, gewidmet. Umfangreiche Literaturangaben zu jedem einzelnen Abschnitt und einige Luftbildaufnahmen als Anhang vervollständigen das Buch, das durch die gegebenen instruktiven Beispiele eine Bereicherung der auf diesem Gebiet vorhandenen Literatur darstellen dürfte. H. KNAPE

MOORHOUSE, W. W.

The Study of rocks in thin section

Harper & Brothers, New York 1959, 531 S., 226 meist mehrfach unterteilte Abb., 20 Taf.

M. beschreibt in seinem Buch eine der wichtigsten petrographischen Untersuchungsmethoden, die Dünnschliffuntersuchung, und ihre Anwendung auf endogene und exogene Gesteine.

Auf 37 Seiten schildert er das Zubehör eines petrographischen Mikroskopes, seine Behandlung, gibt einen kurzen Abriß der kristalloptischen Kenntnisse, die für orthoskopische und konoskopische Mineraluntersuchungen im Dünnschliff unbedingt notwendig sind — dieser Abschnitt ist als Wiederholung gedacht und soll keinesfalls eine Einführung in die Kristalloptik sein —, weist auf die Methodik der Streupräparatuntersuchung mit Immersionsflüssigkeiten hin (1 Seite) und stellt den Gang einer routinemäßigen Bestimmung eines Minerals (ohne U-Tisch) im Dünnschliff dar. Mikroreaktionen werden nicht behandelt, obwohl im speziellen Teil darauf hingewiesen wird. Etwas mehr als 80 Seiten sind der Beschreibung der einzelnen Minerale gewidmet. Die Beschreibung ist gegliedert in: optische Konstanten, morphologische und optische Erscheinungsweise des Minerals im Dünnschliff, Zersetzungserscheinungen, Bestimmung des Minerals mit Hinweis auf Verwechslungsmöglichkeiten, Vorkommen. Sehr ausführlich ist die Feldspatgruppe dargestellt, z. B. die Plagioklase auf $10^1/_2$ Seiten einschließlich der Abbildungen, die zur Bestimmung der Plagioklase dienen. Bei der Beschreibung werden genetisch wichtige Eigenschaften, wie z. B. der Zonenbau, besonders eingehend behandelt. An dieser Stelle sei erwähnt, daß M. oszillatorischen Zonenbau als Kennzeichen für magmatische Herkunft des zonaren Plagioklases ansieht. Auch die Hornblenden sind ziemlich ausführlich auf $8^1/_2$ Seiten dargestellt. Etwas knapp erscheinen dem Referenten die Abschnitte über Glimmer, Chlorite, Turmaline und Granate, deren Bestimmung jedoch hauptsächlich nicht im Dünnschliff geschieht. Bei der Behandlung der Karbonate wäre der Hinweis auf Farbreaktionen im Dünn- und Anschliff sicherlich vorteilhaft empfunden worden. Dasselbe gilt für eine etwas ausführlichere Bemerkung über die Tonmineralbestimmungsmethoden.

Die bewußte Beschränkung des Autors auf die Dünnschliffmethode läßt den Leser die große Bedeutung und auch die Grenzen des Dünnschliffs in der Petrographie erkennen.

Nach der Beschreibung der optischen Eigenschaften der Einzelminerale folgen Bestimmungstabellen nach dem Vorbild von WINCHELL, außerdem sind besondere morphologische Eigenschaften von Einzelmineralien und Mineralaggregaten tabellenmäßig wiedergegeben. Die Mineralbeschreibung läßt sich vielfach mit der in CHUDOBAS „Gesteinsbildende Mineralien" vergleichen, ist aber weniger ausführlich als diese.

In 12 Kapiteln (175 Seiten) stellt M. die magmatischen Gesteine dar. Auf dieser Gesteinsgruppe liegt der Schwerpunkt des Buches. Die verwendete mineralogische Klassifikation der Gesteine folgt der von GROUT. Neben der mineralogischen Klassifikation unterscheidet M. eine Feldklassifikation und eine chemische Klassifikation der Eruptivgesteine. Bei der Beschreibung der Gesteine wird nach dem herkömmlichen Schema vorgegangen. Außerdem enthalten die einzelnen Kapitel besondere Abschnitte über die Zersetzung des Gesteins und über lagerstättenkundliche Beziehungen. Die sedimentären Gesteine werden auf 65 Seiten dargestellt. Hier werden auch Phosphatvorkommen, Salze und Kohlen kurz gestreift, während Gesteine, die sich aus Verwitterungskrusten und ähnlichem gebildet haben, nicht erwähnt werden. Bei der Beschreibung der metamorphen Gesteine (70 Seiten) geht der Autor nicht von den einzelnen Gesteinstypen aus, sondern von den Vorgängen (Dynamometamorphose, Kontaktmetamorphose, Regionalmetamorphose). Außerdem behandelt der Autor durch Metasomatose gebildete Gesteine — Cordierit-Antophyllit-Gesteine, Greisen u. ä. — sowie unter der Überschrift „Petrographie der Erze", ein sehr nützliches und modernes Kapitel, die Gangfüllungen und die Petrographie der disseminated ores.

Beim Lesen des Buches taucht unwillkürlich das Bedürfnis nach Büchern auf, in denen auch die Metamorphite und die exogenen Gesteine in gleicher Weise behandelt werden wie in diesem die Eruptiva. T. KAEMMEL

MACCARIO, R.

Das wissenschaftliche Leben in den Vereinigten Staaten von Amerika

„Wirtschaft und Wissenschaft", B 59, Stifterverband für die Deutsche Wissenschaft, Essen 1959, 90 S.

Die Verfasserin hat sich bemüht, die außerordentlich differenzierte wissenschaftliche Tätigkeit in Forschung, Lehre und Studium zusammenfassend darzulegen.

Vorwiegend wurde statistisches und sonstiges Material aus den Jahren 1955—1957 eingehend ausgewertet. Die Autorin weist darauf hin, daß sich die Forschung in stürmischer Aufwärtsentwicklung befindet und begründet ihren Standpunkt folgendermaßen:

„Wohl kein Ereignis vorher hat die zentrale Bedeutung der Wissenschaft, die wirtschaftliche, soziale und politische Notwendigkeit ihrer Förderung, so klar ins Bewußtsein gerufen wie der Start des ersten künstlichen Erdsatelliten durch die Sowjetunion im Oktober 1957. Ein Wettrennen zwischen den beiden Großmächten USA und UdSSR hat seitdem eingesetzt und eine jähe Aktivierung im wissenschaftlichen — besonders im naturwissenschaftlichen und technischen — Bereich bewirkt, die zwangsläufig weitgehende institutionelle, personelle und finanzielle Veränderungen nach sich zog."

In einzelnen Abschnitten werden das Hochschulwesen, die Forschung und deren Finanzierung besprochen. Zum Schluß wird die Erklärung des Präsidenten Eisenhower vom 17. 12. 1958 gebracht, in der er befürwortend zu dem gleichfalls in dem Buch veröffentlichten Bericht seines wissenschaftlichen Beratungsausschusses über die „Stärkung der amerikanischen Wissenschaft" Stellung nimmt. Das Werk ist zur Informierung über den Stand und die Struktur der wissenschaftlichen Tätigkeit und über die Arbeitsgebiete der einzelnen Institutionen der USA besonders geeignet. E.

TSCHERNITSCHKIN, S. A.

Dünnwandige Kronen für das Ringbohren tiefer Bohrungen

„Stanki i Instrument" (Werkzeugmaschinen und Werkzeuge), Moskau 1958, H. 8, S. 32—34

Dünnwandige Bohrkronen mit Schneidplättchen aus dem Hartmetall WK 8 werden als günstig beim Niederbringen tiefer Bohrungen mit Ringbohrern (Bohrlochdurchmesser über 30 mm) empfohlen. Neben Formeln zum Berechnen der Schneidenbreite und Schneidenanzahl in Abhängigkeit vom Bohrlochdurchmesser sind noch weitere technische Hinweise für das Ringbohren angegeben. -z-

Nachrichten und Informationen

Erdöl/Erdgas

Entwicklung des Anteils des sozialistischen Lagers an der Weltindustrieproduktion

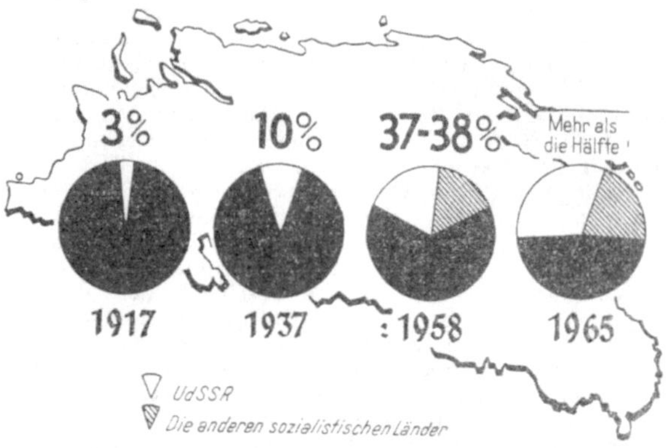

Rohölfernleitung von Genua nach Süddeutschland

Die von Genua aus projektierte 350 km lange Rohölfernleitung durch den zu errichtenden Tunnel des St. Bernhard nach der Raffinerie in Aigle-Collombey ist im Bau. Sie soll später über Bern, Schaffhausen und Memmingen mit einer Abzweigung nach Karlsruhe oder Stuttgart bis in den Münchener Raum verlängert werden. Im Anfangsstadium soll die Leitung eine Durchflußkapazität von ca. 10 Mio t Rohöl erhalten, von denen 4 Mio t für Norditalien, 2 Mio t für die Schweiz und 4 Mio t für Süddeutschland vorgesehen sind. Später soll die jährliche Durchlaßkapazität auf 14 Mio t gesteigert werden. Das geplante Rohrleitungsnetz wird eine Gesamtlänge von 1500 km erhalten. E.

In der Schweiz schätzt man die Transportverbilligung, die durch die Fernleitung gegenüber Bahntransport eintritt, auf 50—70%.

Höhle als Gasspeicher

In England wird nördlich des Flusses Tees eine 300 m tiefe Höhle im Basalt als Untertage-Gasspeicher verwendet. Von den rd. 500 Mill. m³ eingelagertem Gas sind keine nennenswerten Mengen entwichen. Anstatt herkömmliche Gas-Hochbehälter zu verwenden, soll vor allem das aus den USA importierte Erdgas in Höhlen gespeichert werden. Z.

Erdölkarte von Mexiko

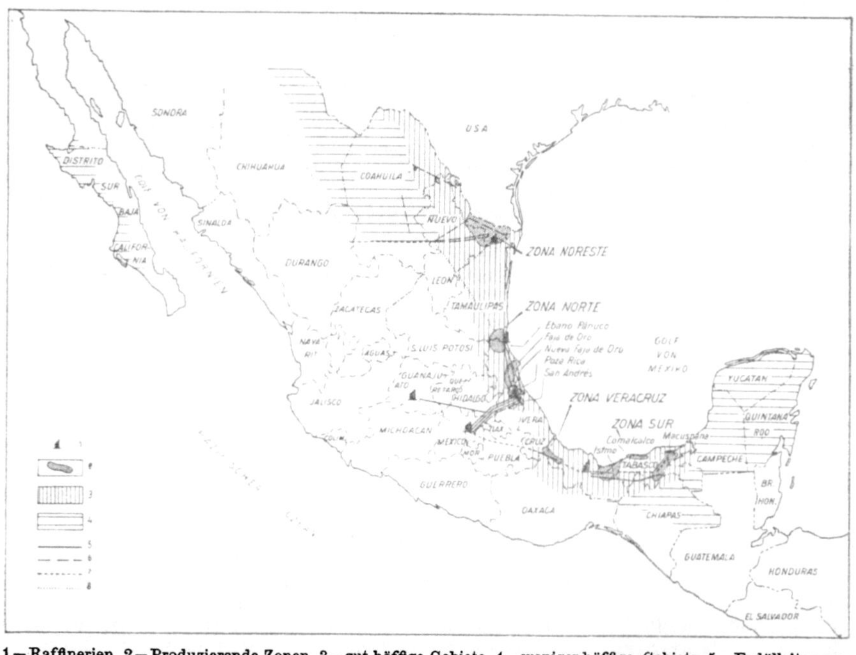

1—Raffinerien, 2—Produzierende Zonen, 3—gut höffige Gebiete, 4—weniger höffige Gebiete, 5—Erdölleitungen in Betrieb, 6—Erdgasleitungen in Betrieb, 7—Erdgasleitungen im Bau, 8—Erdgasleitungen, projektiert

Westdeutsche Förderkosten für Erdöl, Erdgas, Schieferöl

Nach den „statistischen Mitteilungen der Bergbehörden" betrug 1958 der Durchschnittswert der t Rohöl in Westdeutschland ab Bohrloch 152,0 Mark. 1956 hatte der Preis bei 152,95 M/t, 1957 bei 148,33 M/t gelegen. Bei Erdgas rechnet man mit einem Durchschnittswert von 0,10 M/m³, bei Erdölgas mit 0,13 M/m³. Aus einer Ölschiefergewinnung von 401169 t wurden 1958 21315 t Schieferöl erzeugt mit einem Durchschnittserlös von 158,18 M/t.

Der Bestand an fündigen Bohrungen lag Ende 1958 bei 5290, davon waren 5174 Erdöl- und 116 Erdgassonden. Hiervon standen 4026 Bohrungen, davon 3927 Erdöl- und 99 Erdgasbohrungen (diese fast sämtlich stark gedrosselt, ohne Ausnutzung der möglichen Kapazität) in Produktion. E.

Die deutschen Gesellschaften der Royal Dutsch / Shell-Gruppe

Die Königlich Niederländische Petroleumgesellschaft (Royal Dutsch Petroleum Company), Den Haag, veröffentlichte im August 1959 u. a. eine Übersicht über die Gesellschaften der Royal Dutsch / Shell-Gruppe in Deutschland.

Die wichtigste ist die Deutsche Shell Aktiengesellschaft, deren Sitz sich in Hamburg befindet. Dieses Unternehmen betreibt die Raffinerie in Hamburg-Harburg mit einer Kapazität von 3 Mio jato, in Monheim/Rheinland ein Werk zur Herstellung von Schmierölen und Bitumen und ein Spezialschmierölwerk in Hamburg-Grasbrook. Eine weitere Raffinerie mit einer Kapazität von 4 Mio jato ist in Monheim/Rheinland im Bau. Der Umsatz der Betriebe stieg von 1408000 t im Jahre 1952 auf 3746000 t im Jahre 1958. Insgesamt wurden Ende 1958 über 7000 Mitarbeiter beschäftigt.

Weitere Gesellschaften sind u. a.: Deutsche Shell Tanker-GmbH, Hamburg; Rheinische Olefinwerke GmbH, Wesseling (dieses 1953 gegründete Unternehmen ist das größte Chemiewerk auf Erdölbasis in Westdeutschland mit Stammkapital von der Deutschen Shell AG und der Badischen Anilin- & Sodafabrik AG, Ludwigshafen); Colas Kaltasphalt GmbH, Hamburg (Herstellung und Vertrieb von Bitumenemulsionen für den Straßenbau); Saarländische Shell GmbH, Saarbrücken; Shell Grundlagenforschung-Gesellschaft mbH, Birlinghoven über Siegburg (diese betreibt Grundlagenforschung für die Erdölindustrie und ist gleichberechtigt mit den anderen Forschungsstätten der Shell-Gruppe in der Welt); teilweise Gewerkschaft Elwerath Hannover, und Gewerkschaft Brigitta, Hannover. Z.

Die Energiewirtschaft in den Vereinigten Staaten von Amerika bis 1975

Eine Aufstellung der Brennstoffvorräte der USA ergab: Steinkohle: 1608 Milliarden t = fast 45% der Weltvorkommen. Braunkohle: 645,5 Milliarden t = fast 54% der Weltvorkommen (beide Zahlenangaben beruhen auf Schätzungen bis zu einer Teufe von etwa 1200 m). Erdöl: 4,8 Milliarden m³ nach dem Stand vom 31. 12. 1956. Die jährlichen Neuentdeckungen weisen aber eine größere Zunahme auf als der Verbrauch. Mit rund 327 Mio t standen die USA 1958 an der Spitze der erdölführenden Länder vor Venezuela (138 Mio t) und der UdSSR (113,5 Mio t) Erdgas: 67000 Mrd. m³. Auch hier ist durch neue Bohrungen eine Zunahme zu erwarten. Wasserkräfte: Die 90% des Jahres verfügbare Wasserkraftleistung der USA wird z. Z. auf 25 Mio kW geschätzt. Die Federal Power Commission gibt dazu noch ausbaufähige Wasserkräfte von 82800 MW (einschließlich der im Bau befindlichen Anlagen mit 6200 MW) an, so daß im Jahre 1975 Wasserkräfte von rund 107000 MW zur Verfügung stehen werden. Eine Umrechnung der festen Brennstoffe der USA — einschließlich der Kernbrennstoffe — in kcal gibt folgendes Bild:

Kohle einschl. Torf	$15{,}6 \cdot 10^{17}$ kcal =	28,5%
Erdöl	$1{,}5 \cdot 10^{17}$ kcal =	2,8%
Erdgas	$0{,}5 \cdot 10^{17}$ kcal =	0,9%
Zwischensumme	$17{,}6 \cdot 10^{17}$ kcal =	32,2%
Kernbrennstoffe	$37{,}0 \cdot 10^{17}$ kcal =	67,8%
Brennstoffe gesamt	$54{,}6 \cdot 10^{17}$ kcal =	100 %

Im Jahre 1975 erwartet man in den USA einen Elektrizitätsbedarf von 2400 TWh (= 10^9 kWh), wobei den wesentlichen Anteil an der Verbrauchserhöhung der Haushaltsbedarf infolge Zunahme elektrischer Heizung und Kühlung (bis 1968 wird der Zuwachs auf 280% = 408 TWh geschätzt) haben wird.

Die Energieerzeugung verteilt sich folgendermaßen auf die einzelnen Energieträger (einschließlich der Kernenergie, denn bis 1962 sollen 19 Kernkraftwerke mit 1000 MW Gesamtleistung aufgebaut sein):

	1957	1965	1975
Elektrizitätsbedarf:	631 TWh	1175 TWh	2400 TWh
Primäre Energieträger:			
Kohle	55%	61,9%	67,0%
Erdgas	15%	14,0%	14,5%
Erdöl	8%	7,0%	5,7%
Wasserkräfte	22%	15,0%	9,8%
Kernbrennstoffe	—	2,1%	3,0%

Eisenerze

Technische Umstellung in der Eisen- und Stahlindustrie

Über bevorstehende technische Umstellungen in der Eisen- und Stahlproduktion findet z. Z. in westlichen Fachorganen eine lebhafte Diskussion statt. Der Krupp-Renn-Ofen, das Wirbelschichtverfahren, der Elektro-Fließbett-Reduktions-Ofen und andere Neuerungen bedrohen vielerorts die klassische Eisenerschmelzung durch den Hochofenprozeß. Zur Abwehr dieser technischen Neuerungen vergrößert man die Hochöfen (die August-Thyssen-Hütte produziert in einem neuen Hochofen mit 9 m Gestelldurchmesser täglich 1500 bis 2000 t Roheisen).

Das Sauerstoff-Blasstahl-Verfahren, das sich bisher für das Verblasen von phosphorfreiem Roheisen bewährt hat, kann neuerdings auch für phosphorhaltiges Roheisen verwendet werden. Inzwischen ist das Fassungsvermögen der Konverter von 15 auf 70 t erhöht worden. Diese Umschichtung bedingt, daß für jede Tonne neuer Rohstahlkapazität eine Tonne Roheisenkapazität gegenüber dem gegenwärtigen Verhältnis von 0,73:1 bereitzustellen ist.

Im „Handelsblatt" Nr. 19 vom 6. November 1959 meint Prof. Dr. Ing. H. SCHENK, Aachen, in einem Beitrag „Hat der Hochofen Zukunftsaussichten?":

„Die eisenschaffende Industrie der Bundesrepublik hat bei Vollbeschäftigung zur Zeit einen jährlichen Bedarf von rund 17 — einschließlich des Saargebietes von rund 20,5 — Mio t Steinkohlenkoks, der fast ausschließlich in den Hochöfen verarbeitet wird. Diese Menge entspricht etwa 23 (27) Mio t verkokter Steinkohle oder ungefähr $^1/_5$ der Steinkohlenförderung in diesen Gebieten. Nochmals die Hälfte dieser Menge wird in die Hochofenwerke anderer Länder, vor allem der Montanunion, exportiert. Bei der allgemeinen Tendenz zur Ausweitung der Eisen- und Stahlerzeugung müßte man also mit einem jährlich steigenden Verbrauch an Steinkohle rechnen können, sofern das Hochofenverfahren seine klassische Stellung als Verhüttungsprozeß behält."

Die „Hohe Behörde" der Montanunion hat eine Aufstellung veröffentlicht, aus der hervorgeht, daß etwa 25 neue Verfahren Aussicht bieten, den Hochofenprozeß bei der Eisenausschmelzung zu umgehen. Die Mehrzahl dieser Verfahren liefert aus der Kombination Erz/Kohle/Strom ein kohlenstoffreiches flüssiges Roheisen wie der Hochofen selbst. Die für den Hochofen aufgewendeten Kokskosten erschienen zu einem Viertel wieder als Gutschrift für das als Energiegrundlage der Hüttenwerke dienende Hochofengas. In kohlenarmen, energie- und erzreichen Ländern, die ihre Stromerzeugung auf eigene Öl- oder Gasvorkommen gründen können, ist der Hochofenprozeß besonders gefährdet.

„Es ist kennzeichnend, daß sich die großen amerikanischen Mineralöl-Gesellschaften in diese Entwicklungsarbeiten stark eingeschaltet haben. Für unser Land (= Westdeutschland — Die Red.) erscheint es aber doch fraglich, ob der Wärmepreis für die Mineralölprodukte jemals so weitgehend unter den Kohlepreis gesenkt werden wird, daß dem Hochofen hieraus ernsthafte Konkurrenz erwachsen kann. Der Sachverhalt sieht in den typischen Erdöl- und Erdgasbezirken der Erde natürlich wesentlich anders aus." E.

Eisenerze Liberias

Liberia wird möglicherweise bis 1963 zum bedeutendsten Eisenerzlieferanten Afrikas werden. Die Erkundung der Eisenerzvorkommen steht zur Zeit an erster Stelle bei der Erforschung der Bodenschätze des Landes. Gegenwärtig wird Eisenerz in der Nähe der Hauptstadt Monrovia abgebaut. 1953 waren es 1,3 und 1958 rund 2 Mio t. Die Vorkommen von den Bomi-Bergen enthalten einige der reichsten Eisenerze der Welt. Sie bestehen meist aus Magnetit und enthalten 68—70% Fe. Die Vorräte an hochwertigem Erz wurden auf etwa 50 Mio t berechnet, die der geringhaltigeren Erze auf etwa 30 Mio t. Die größten Hoffnungen setzt man jedoch auf die ausgedehnten reichen Eisenerzvorkommen, die vor etwa 4 Jahren im Gebiet von Nimba in der Nähe von Sanakole in der Zentralprovinz aufgefunden wurden. Hier sind bisher 230 Mio t Erz erkundet worden, dessen Fe-Gehalt zwischen 60 und 70% liegt. Man rechnet damit, Mitte der 60er Jahre die Gesamtförderung an Eisenerz auf etwa 15 Mio t erhöhen zu können. Das Eisenerz wird im Außenhandel Liberias wahrscheinlich den Kautschuk von der ersten Stelle verdrängen. Gegenwärtig gehen 60% der Exporte nach Amerika; der Rest verteilt sich auf Westdeutschland, Großbritannien und Kanada. E.

Europäische Eisenerzversorgung

Die Europäische Wirtschaftsgemeinschaft hat 5 Mio Dollar zur Erforschung von Eisenerz- und Manganerzvorkommen in Afrika bewilligt. In Guinea, an der Elfenbeinküste, in Kamerun und Gabun sind die ersten geophysikalischen Meßtrupps an der Arbeit. Während in den Gemeinschaftsländern 1958 über 87 Mio t Roherz gefördert wurden, betrug die Eisenerzeinfuhr in die Länder der Montanunion noch 23,8 Mio t. Das Verhältnis zwischen Produktion und Einfuhr, das seit über 40 Jahren bei 70:30 lag, wird im kommenden Jahr bei 60:40 liegen. Vor dem letzten Krieg bezog Deutschland den größten Teil der schwedischen Eisenerzförderung, heute nur noch 40%, da das schwedische Erz vorwiegend nach England exportiert wird. Die afrikanischen Exporterze ähneln mit ihren Gehalten denen von Labrador und Venezuela. Sie enthalten 50—60% Fe gegenüber höchstens 30% der Inlanderze. Während Frankreich zur Zeit praktisch gar keine Einfuhren benötigt, müssen Deutschland und Italien zwei Drittel ihres Erzbedarfes — in Fe-Gehalt berechnet — aus dritten Ländern beziehen. Die Niederlande führen alles Eisenerz ein, Belgien bezieht 60% aus Frankreich und Luxemburg und 4% aus Schweden.

EMILE SCHNEIDER („Rheinischer Merkur" Köln, 26. 6. 59) schlug für den Erztransport aus den „praktisch unerschöpflichen Erzlagerstätten" von Kanada und Venezuela den Bau von Spezialtransportschiffen bis zu 60000 BRT vor. „Damit wird das Eisenerz ebenso wie das Erdöl zu einer internationalen Handelsware, die nicht mehr auf regionale Absatzwege beschränkt ist ... Europa braucht also auf weite Sicht keinen Mangel an Eisenerz zu befürchten." E.

NE-Erze

Kalifornische Bastnäsit-Erze

Im Jahre 1949 wurde in San Bernardino County (Kalifornien) ein Erzlager mit einem gewinnbaren Inhalt von rd. 5 Mio t Seltener-Erden-Metalle gefunden. Das Erz hat folgende durchschnittliche Zusammensetzung: 0,1% THO_2, 25—35% Kalkpsat, 10% Oxyde seltener Erden, 15—20% Silikate und 30—40% Baryt. Der Anteil der Seltenen Erden teilt sich auf in 50,7% CeO_2, 4,2% Pr_6O_{11}, 11,7% Nd_2O_3, 1,3% Sm_2O_3 und 34,3% La_2O_3. Nach der Aufbereitung lag ein Konzentrat mit 60—70% Seltener-Erden-Oxyde vor, jedoch gingen bei der Flotation über 25% dieser Oxyde verloren. Mit Hilfe eines neuen Verfahrens, das ein reines Nitrat der gemischten Seltenen Erden erzeugen soll, können nun über 98% der Seltenen Erden aus dem Bastnäsit gewonnen werden. Z.

Molybdänvorkommen in Sardinien

Im Nordosten der Insel Sardinien wurde ein sich auf 7000 m³ erstreckendes Molybdänvorkommen, das schätzungsweise 5 Mill. t Molybdän enthält, entdeckt. Der Gehalt des Erzes soll bei 0,6% Mo liegen. Die Kosten je kg Molybdän sind auf rd. 2,80 $ berechnet worden. Z.

Platinförderung

Die Produktion von Platinmetallen ist durch die Baisse in den Jahren 1957—1958 (Rückgang von 34 auf $19^1/_2$ £ per Troyunze, Herbst 1959 zwischen $26^1/_2$ und $27^1/_2$ £) beeinträchtigt worden. Schätzungen des United States Bureau of Mines lassen erkennen, daß die Welterzeugung dieser Gruppe von Metallen im Jahre 1957 mit 1,131 Mio Troyunzen ihren bisherigen Rekord verzeichnete. Im Jahre 1958 setzte sich jedoch ein Rückgang auf 880000 Troyunzen durch, ohne daß im Jahre 1959 eine wesentliche Erholung eingetreten wäre. In Südafrika wurde die Produktion 1958 auf 305000 (im Vorjahr 609000) Troyunzen gedrosselt, während sie in Kanada infolge der Beschränkung der Nickelerzeugung auf 295300 (416100) oz zurückging. E.

Salze, Steine und Erden

Magnesitvorkommen in Ślask

In der Umgebung von Swidnica (Schweidnitz) entdeckten polnische Geologen bedeutende Magnesitvorkommen, deren Vorräte auf einige Millionen t geschätzt werden. Die bisher bekannten Gruben in Sobótka (Zobten) und Ząbkowice (Frankenstein) konnten nur 10% des Magnesitbedarfs Polens decken. So mußten z. B. 1958 etwa 60000 t Magnesit mit einer Devisenausgabe von 13,5 Millionen Rubel importiert werden. Noch während der Erkundungsarbeiten wurde daher bei Świdnica eine provisorische Grube in Betrieb genommen, die bereits eine monatliche Förderleistung von 100 t Magnesit aufweist. Sehr günstig für den Abbau ist die geringe Tiefe und die Mächtigkeit, die nicht selten 4 m erreicht. Z.

Vermiculit

In der Zeitschrift „Building Materials Export" (London, Nr. 4, 1959, S. 101—104) setzt man sich für stärkere Verwendung von Vermiculit ein. Bei dessen Aufblähung (bei 700—1000°C) bilden sich Millionen kleiner Hohlräume, durch die der aufgeblähte Vermiculit eine ausgezeichnete Wärmedämmung erzielt. Seine Anwendung in der Bauindustrie steigt beständig. Man kann den rohen Vermiculit über beliebig weite Strecken exportieren und ihn erst in der Nähe der Verbrauchsstelle expandieren. So aufbereitet wird er dann in Säcken auf die Baustelle geliefert und dort als loser Dämmstoff, als Zuschlagsstoff für Leichtbeton oder als Grundmaterial für leichte Trennwände verarbeitet. Vermiculit-Beton mit dem spez. Gew. 320—730 kg/m³ kann überall dort angewendet werden, wo auch andere leichte Betone gebräuchlich sind. Prüfungen auf Feuerbeständigkeit haben ergeben, daß Vermiculit-Beton bedeutend widerstandsfähiger als Stahlbeton ist. Deshalb kann er überall dort angewendet werden, wo mit leichten Konstruktionen eine hohe Feuerbeständigkeit erreicht werden soll. E.

Westdeutsche Kalkindustrie

Der Absatz der westdeutschen Kalkindustrie belief sich 1958 auf 7,0 Mio t Branntkalk und Sinterdolomit, nahezu 1,5 Mio t gemahlenen kohlensauren Kalk und 10,0 Mio t Steine. Von den 7 Mio t gebrannten Kalkes gingen an die Eisen- und Stahlindustrie rund 2,5 Mio t, an die chemische Industrie und sonstige Industriegruppen 1,25 Mio t, an die Baustoffindustrie 0,75 Mio t, an die Bauwirtschaft 1,75 Mio t, an die Landwirtschaft nahezu 0,5 Mio t und in den Export 0,34 Mio t. E.

Chinesische Ordensverleihung

Herr Prof. Dr. Rudolf Hohl, Freiberg, gehört zu den 31 am 29. 9. 1959 vom Außerordentlichen und Bevollmächtigten Botschafter der Volksrepublik China in der DDR, Wang Kuo-Tschuan, mit der Freundschaftsmedaille ausgezeichneten Spezialisten aus der DDR. Der in chinesischer Sprache ausgefertigten Verleihungsurkunde ist folgende deutsche Bestätigung beigefügt:

„Bestätigung für die Freundschaftsmedaille

Sehr geehrter Spezialist

Dr. Rudolf Hohl:

Um Ihnen für Ihre aufopfernde und tatkräftige Mitarbeit bei dem sozialistischen Aufbau unseres Landes zu danken, überreiche ich Ihnen hiermit diese Freundschaftsmedaille zur Erinnerung.

Der Ministerpräsident der Volksrepublik China

den 1. Sept. 1959 gez. Tschou En-lai"

Unsere Zeitschrift beglückwünscht unseren Redaktionskollegen zu dieser Würdigung seiner Verdienste. —Z—

Kurznachrichten

Obwohl in **Kanada** die **Uran**erkundung nahezu eingestellt ist, begann man 1959 am Großen Bärensee bei der Grube Port Radium in einem Gebiet von 3500 Quadratmeilen mit der Prospektion, weil durch die Ende 1960 bevorstehende Erschöpfung der Erzvorräte die Bergbautätigkeit auf Port Radium gefährdet ist.

Die **amerikanischen Uran**erzlager wurden 1959 auf 88,9 Mill. t geschätzt. Nach einer Mitteilung der amerikanischen Atomenergiekommission vom 1. 12. 1959 ist die Uranerzförderung von 54000 t im Jahre 1948 auf über 6 Mill. t im Jahre 1959 gestiegen.

Der Preis für natürliches **Uran** wird nach Mitteilung der Kernenergie-Agentur des Europäischen Wirtschaftsrates ab 1965 infolge starken Angebotes bei höchstens 74 Mark/kg liegen.

Thorium verwendet man in steigendem Maße zur Kernenergiegewinnung. In der westlichen Welt werden die Thoriumreserven auf rd. 450 Mio kg geschätzt.

Die geologischen Untersuchungen haben ergeben, daß die im Staate Victoria **(Australien)** entdeckten **Braunkohlen**vorkommen rd. 100 Mio t hochwertiger Kohle enthalten. Ende 1959 wurde mit der Förderung begonnen.

Infolge schlechter Absatzlage für das **Siegerländer Eisenerz** ist bis zum Frühjahr 1960 die Stillegung mehrerer Gruben geplant. Die Hauptursache der Absatzkrise ist neben dem hohen Mangangehalt (nach der Aufbereitung enthält das Erz etwa 40% Fe und 10% Mn) der um 20—30% höhere Preis (etwa 20 D-Mark pro Tonne) gegenüber den ausländischen Erzen.

Für **türkisches Chromerz** (der Preis pro t 58%iges Erz liegt bei 34—35 $) sind die USA die größten Abnehmer.

In **Dänemark** wird eine neue Anlage zur Extraktion von **Zirkon, Ilmenit, Magnetit, Granat** und **Titan**mineralien aus dem Sand der Küste des nördlichen Teils von Jütland mit einer jährlichen Durchlaufskapazität von schätzungsweise 15000 t Rohsand gebaut.

In den **Quecksilberbergwerken** von Idrija-**Slowenien** soll durch umfangreiche Investitionen die Jahreskapazität von 154000 t auf 190000 t gesteigert werden.

Ein **Schwerspat**vorkommen von mindestens 100000 t wurde in dem ehemaligen Bergwerk Oberzeiring/**Steiermark** festgestellt. Die Jahresproduktion soll etwa 6000 t erreichen. Infolgedessen kann der Schwerspatimport Österreichs, der bisher jährlich 8000 t betrug, gesenkt werden.

Die bei dem **Perlit**tagebau Palhazu/**Ungarn** gebaute Aufbereitungsanlage mit einer Kapazität von 30000 jato Perlit hat Anfang 1960 ihre Produktion aufgenommen.

Für 1958 schätzt man die Weltproduktion an absetzbarem **Glimmer** auf 320 Mio lbs. Nach Mitteilung des Indischen Glimmer-Export-Förderungsrates hat die UdSSR große Aufträge für die Lieferung von indischem Glimmer erteilt. Nach Ansicht des Vorsitzenden des Rates deckt Indien z. Z. 81% des Welt-Glimmerbedarfs.

Die Salze des Van-Sees im Osten der **Türkei** sollen zur **Soda**gewinnung ausgewertet werden. Man hofft jährlich 70000 t Soda gewinnen zu können (Jahresverbrauch der Türkei etwa 20000 t).

Herausgeber: Staatliche Geologische Kommission und Zentrale Vorratskommission für mineralische Rohstoffe der Deutschen Demokratischen Republik. Chefredakteur: Prof. Dr. Erich Lange, Berlin. Redaktion: Berlin N 4, Invalidenstraße 44. Verlag: Akademie-Verlag GmbH, Berlin W 1, Leipziger Straße 3—4 (Fernsprecher 220441, Postscheckkonto: Berlin 35021). Bestellnummer des Heftes 1047/6/4. Die „Zeitschrift für angewandte Geologie" erscheint monatlich. Bezugspreis 2,— DM je Heft. — Satz und Druck: Druckhaus „Maxim Gorki", Altenburg. Veröffentlicht unter der Lizenznummer ZLN 5008 des Ministeriums für Kultur, Hauptverwaltung Verlagswesen. Karten: MdI der DDR Nr. 5355, 5452/K 11.
Printed in Germany

MIX
Papier | Fördert gute Waldnutzung
FSC® C083411

Zeitfracht Medien GmbH
Ferdinand-Jühlke-Straße 7
99095 Erfurt, Deutschland
produktsicherheit@kolibri360.de